国家级职业教育规划教材

对接世界技能大赛技术标准创新系列教材

全国中等职业学校美发专业教材

聂凤　主编

美发师职业素养及健康安全规范

人力资源社会保障部教材办公室　组织编写

中国劳动社会保障出版社

worldskills China

图书在版编目(CIP)数据

美发师职业素养及健康安全规范 / 聂凤主编 . -- 北京：中国劳动社会保障出版社，2021

对接世界技能大赛技术标准创新系列教材　全国中等职业学校美发专业教材
ISBN 978-7-5167-5186-2

Ⅰ. ①美…　Ⅱ. ①聂…　Ⅲ. ①理发 - 中等专业学校 - 教材　Ⅳ. ①TS974.2

中国版本图书馆 CIP 数据核字（2021）第 235637 号

中国劳动社会保障出版社出版发行
（北京市惠新东街 1 号　邮政编码：100029）

*

北京市白帆印务有限公司印刷装订　　新华书店经销

787 毫米 ×1092 毫米　16 开本　8.25 印张　130 千字
2021 年 12 月第 1 版　　2023 年 8 月第 4 次印刷
定价：25.00 元

营销中心电话：400-606-6496
出版社网址：http://www.class.com.cn
http://jg.class.com.cn

对接世界技能大赛技术标准创新系列教材

编审委员会

主　任：刘　康

副主任：张　斌　王晓君　刘新昌　冯　政

委　员：王　飞　翟　涛　杨　奕　张　伟　赵庆鹏　姜华平
　　　　杜庚星　王鸿飞

美容美发与造型（美发）专业课程改革工作小组

课 改 校：重庆五一技师学院
　　　　　北京新媒体技师学院
　　　　　邢台技师学院
　　　　　广州白云工商技师学院

技术指导：吉正龙

编　　辑：邓　硕

本书编审人员

主　编：聂　凤

副主编：何先泽　马志伟　张小青

参　编：王　芹　周　敏　石林林　彭　睿

主　审：吉正龙

序

世界技能大赛由世界技能组织每两年举办一届，是迄今全球地位最高、规模最大、影响力最广的职业技能竞赛，被誉为“世界技能奥林匹克”。我国于 2010 年加入世界技能组织，先后参加了五届世界技能大赛，累计取得 36 金、29 银、20 铜和 58 个优胜奖的优异成绩。第 46 届世界技能大赛将在我国上海举办。2019 年 9 月，习近平总书记对我国选手在第 45 届世界技能大赛上取得佳绩作出重要指示，并强调，劳动者素质对一个国家、一个民族发展至关重要。技术工人队伍是支撑中国制造、中国创造的重要基础，对推动经济高质量发展具有重要作用。要健全技能人才培养、使用、评价、激励制度，大力发展技工教育，大规模开展职业技能培训，加快培养大批高素质劳动者和技术技能人才。要在全社会弘扬精益求精的工匠精神，激励广大青年走技能成才、技能报国之路。

为充分借鉴世界技能大赛先进理念、技术标准和评价体系，突出“高、精、尖、缺”导向，促进技工教育与世界先进标准接轨，完善我国技能人才培养模式，全面提升技能人才培养质量，人力资源社会保障部于 2019 年 4 月启动了世界技能大赛成果转化工作。根据成果转化工作方案，成立了由世界技能大赛中国集训基地、一体化课改学校，以及竞赛项目中国技术指导专家、企业专家、出版集团资深编辑组成的对接世界技能大赛技术标准深化专业课程改革工作小组，按照创新开发新专业、升级改造传统专业、深化一体化专业课程改革三种对接转化原则，以专业培养目标对接职业描述、专业课程对接世界技能标准、课程考核与评价对接评分方案等多种操作模式和路径，同时融入健康与安全、绿色与环保及可持续发展理念，开发与世界技能大赛项目对接的专业人才培养方案、教材及配套教学资源。首批对接 19 个世界技能大赛项目共 12 个专业的成果将于 2020—2021 年陆续出版，主要用于技工院校日常专业教学工作中，充分发挥世界技能大赛成果转化对技工院校技能人才的引领示范作用。在总结经验及调研的基础上选择新的对接项目，陆续启动第二批等世界技能大赛成果转化工作。

希望全国技工院校将对接世界技能大赛技术标准创新系列教材，作为深化专业课程建设、创新人才培养模式、提高人才培养质量的重要抓手，进一步推动教学改革，坚持高端引领，促进内涵发展，提升办学质量，为加快培养高水平的技能人才作出新的更大贡献!

2020 年 8 月

简介

在人力资源社会保障部开展的世界技能大赛成果转化工作中，美容美发与造型（美发）专业采用“升级改造传统专业”模式，借鉴一体化课改思路，通过实践专家访谈会列出代表性工作任务，然后对代表性工作任务从职能、任务两方面与企业技术标准、世赛标准以及国家技能人才培养标准进行整合、归类，从中提取出头发的洗护、头发的简单吹风与造型、胡须修剪与造型、生活发式的编织、生活发式修剪、生活烫发、生活与时尚发型染色、商业烫发、时尚接发、头发的复杂吹风与造型、时尚烫发、发型雕刻、商业发型的编盘、商业发型修剪、商业与创意发型染色 15 项典型工作任务，转化为 15 门核心一体化课程，由此将世赛理念、世赛标准从源头融入课程体系中。

本教材为美容美发与造型（美发）专业对接世界技能大赛技术标准创新系列教材之一。教材分初识美发、初识美发师职业、初识美发店卫生与安全知识和初识美发工具及用品四个模块编写，围绕职业标准和世界技能大赛技术标准，详细介绍了美发师职业素养及健康安全规范。教材设计了情境导入、任务描述、任务分析、任务准备、任务实施与评价、知识链接、课后拓展等栏目，既体现一体化教学六步法，又融入世赛内容，突出教材以学生为本、为教学服务、与世赛对接的核心。

目　录

模块一
初识美发

学习目标

掌握不同历史时期发型特征

了解美发行业的职业发展趋势

了解世界技能大赛美发项目参赛简史

了解世界技能大赛美发项目参赛作品特征

课题 1 美发发展简史

情境导入

小王被分配到一家美发店实习，美发店主管在面试小王的时候让他简述发型的发展历程。小王知道发型受不同历史时期的政治、经济、文化影响，经历了一个漫长的演变过程，他需要用所学知识来回答问题。

想一想：早期人类的发型主要起到什么作用?

原始时期的陶人发型

任务描述

收集 10 个不同历史时期的发型图片，识别其发型特征。

任务分析

学生通过完成此任务，能够识别不同历史时期的发型，并复述各时期的发型特征。

任务准备

各历史时期的发型图片，美发实训室。

任务实施与评价

1. 利用网络自主查询并收集各历史时期的发型图片，要求收集的图片清晰、完整、全面。

2. 学生分组讲述自己收集的发型图片特征，要求清楚描述发型特征、发型所属的历史时期及判断依据。

3. 学生分组复述10个不同历史时期的发型特征，并通过对发型的分析，判断适用的发饰品，要求正确复述发型特征，准确判断适用的发饰品。

4. 进行小组自评、他评及教师评价。

任务评价表

评价内容	自评（优、良、差）	他评（优、良、差）	教师评价（优、良、差）	综合结果
1. 收集的发型图片是否清晰、完整、全面				
2. 是否能独立复述不同历史时期的发型特征				
3. 学习态度是否积极				
4. 小组是否有效协作				

知识链接

不同历史时期的发型特征

发型受不同历史时期的政治、经济、文化影响，经历了一个漫长的演变过程。

1. 先秦时期发型

先秦时期经历了由原始社会进入阶级社会的转变，是中国历史上自原始社会进入文明社会的重要历史阶段，也是人类发型由任意披挂转换到简单束发的

时期。

早期人类的头发还处于任意披挂的状态，头发主要起到保护头额、遮风挡雨以及抵御严寒的作用。当人类懂得制作和使用劳动工具，处于相对稳定的洞穴生活时，为避免火烧到头发，便将垂落下来的头发扎起来或挽髻在颈后面，这时便出现了最早的发式形态——结发和挽髻。到了西周时期，人类开始用梳子梳理头发。梳子的出现，使梳出各种讲究的发型成为可能。

西周时期的铜梳子

2. 秦汉时期发型

公元前221年，秦始皇结束了诸侯长期争战的局面，完成了统一中国的大业，社会经济有了较大发展。这一时期，发髻出现了明显的加工痕迹，很多人将其修剪成直角状，给人以庄重、朴实之感，垂髻、坠马髻开始流行。自周朝开始，发型有了尊卑之分，并有“妾终身不能带髻”之说。髻上加饰物可区分身份的尊贵和卑下，“步摇”发饰在当时甚为流行。

坠马髻发型

3. 三国两晋南北朝时期发型

这一时期，中国南方经济有了较大发展。西部、北部各少数民族陆续内迁，各民族的文化和习俗相互交融。这一时期的发型多种多样，发型被人们视为美化自身的方式和手段而得以充分利用，人们崇尚高大的发髻，并要配上饰物，以装饰物的多寡区分尊卑。

晋代侍从鬟髻发型

南朝宫女双鬟髻发型

4. 隋、唐、五代时期发型

隋、唐、五代是中国历史文化的璀璨时期，其中唐朝尤为鼎盛。唐朝三百多年间，各民族相存相依，对外交流广泛，出现了一个空前繁荣的局面。发型设计作为文化的一部分，在唐代也有了一个长足的发展。

隋、唐、五代时期发型的数量多、质量高，出现了环髻、丫髻、簪花髻等新的发型。此时还出现了与发髻相区别的一种盘绕空心的环状发型，这表明在发型花样的技术方面又有了新发展。这一时期的人们还不惜以金银、玉翠等名贵材料来雕琢镶置在发髻上的头饰，力求雍容华贵、形象别致。这种现象从一个侧面说明稳定繁荣的社会是美发赖以发展的必要条件，发型设计也始终是人们在社会生活中尽力展现的时尚风采。

隋朝女子盘桓髻发型

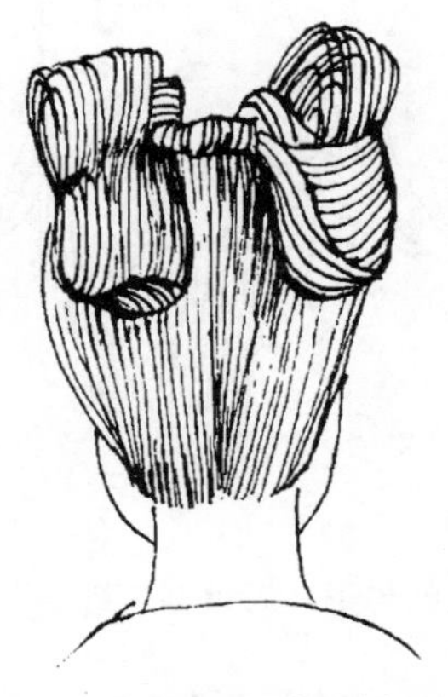
唐朝女子双环望仙髻发型

五代女子高髻发型

5. 宋朝时期发型

宋朝初期，妇女仍是崇尚高髻，同时还流行使用角梳，出现了朝天髻、流苏髻、低髻、平髻、侧髻、后髻等。现在在山西太原晋祠里还保留着宋朝妇女朝天髻的塑像。

宋朝女子朝天髻发型

宋朝女子低髻发型

6. 元朝时期发型

元朝时期，中国是世界上最强盛的国家，声誉远及欧洲、亚洲、非洲。此时期发型在受前代影响的同时，又表现出各自的民族特色，男子发型明显保留了本民族的特色，而女子发型基本沿袭前代的式样和习俗。

元朝女子花冠发型

元朝男子耳后垂髻三搭头发型

7. 明朝时期发型

明朝时期，农业、丝织业、制瓷业发达，采铁、铸铜、造纸、造船等行业均有较大发展，对外经济文化交流发达。明朝建立后，对不符合汉族的礼仪习俗进行过整治，当时的发型虽不及唐宋时期奢华多样，但仍保留了唐宋时期的基本样式。

明朝女子挽髻发型

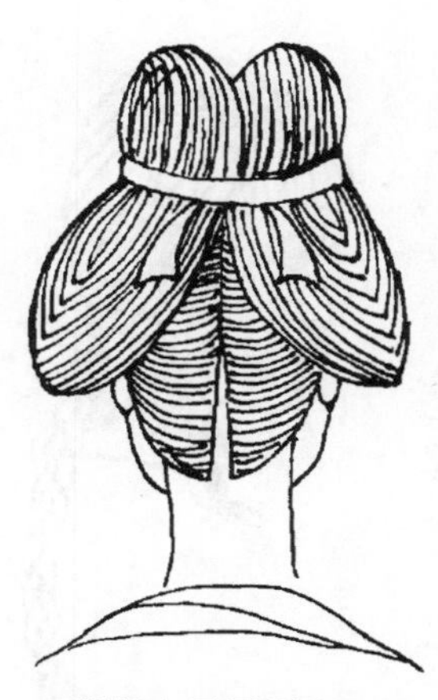
明朝女子圆髻发型

8. 清朝时期发型

清朝是中国最后一个封建王朝，这一时期，文学、绘画、自然科学等方面都有较高成就。清朝建立后，男子以辫发为主；女子发型式样较多，尤以平髻、侧髻、后髻居多。清末，由于外来文化的影响，妇女的发型有了较大变革，由纯发髻型发展为披、卷、散、曲、长、短等各种类型。

清朝女子高髻发型

清朝女子圆满髻发型

清朝女子螺髻发型

9. 中华民国时期发型

这一时期是中国历史上大动荡、大变革的时代。文化上的变化显著，加之西方文化思想的传入和影响，西方的发型也在中国流行起来。这时的发型，男、女、老、少都各具特色，新潮旧派同时呈现。西方烫发、染发技术的传入，给我国的美发发展带来了深远的影响，致使现代发型在外形结构上与传统古典发型有着许多不同的特点。

民国女子垂丝前刘海戴箍发型

民国女子一字式前刘海短发发型

10. 新中国成立至今的多元化发型

纵观我国的美发发展史，可归纳为 3 个不同的阶段：蓬发阶段、束发阶段、短发阶段。如今，使发型与现代的经济活动相适应，是现代人文化生活中的重要内容之一。便于生活、利于工作、满足自己、赏心悦目的发型，已成为人们追求的目标。

课后拓展

国外美发简史

人类的发式造型，因民族和地域的差异而千姿百态，沿革至今，已成为人类文明的一部分。

1. 公元前 4 世纪

公元前 4 世纪，古埃及人是留短发的。进入王朝时代后，无论男女都时兴戴假发，这一方面是为了防晒，另一方面也与古埃及人的洁癖有关。男子有戴假胡须的习惯，假胡须长约 10 厘米，有时还编成辫子状，梢部卷起来，一般用细绳挂在耳朵上，象征着权力。

古希腊男女都非常注重发型，女性很少出入公共场所，几乎没有戴帽子的习惯。贵妇人对洗、烫、染发很在意，还将头发扎成各种各样的发髻，用绸带、串珠、发花等把发型装饰得十分华丽。

2. 2 世纪

2 世纪，罗马出现了理发店，上流阶层拥有专职的美发奴隶。男子发型主要是烫成卷曲的短发，女子流行把发辫盘在头上或梳成各式各样的发型。

3. 5—15 世纪

5—15 世纪，日耳曼人以蓄长发为荣，男子发型长至肩头；女子梳辫发垂在身后，也有戴着羊毛制成的假发，并把头发染成红色或黄色的习惯。对于日耳曼人来说，长发是自由的象征，短发意味着屈从。但随着时代的变迁，他们开始接受罗马文化，男子留短发，女子将头发盘在头顶。

4. 17 世纪

17 世纪的欧洲，特别是在法国，男子盛行模仿假发模样梳起直发，美洲大陆一些男子也纷纷效仿。

5. 19 世纪

19 世纪初，男子发型多为假发，盖过耳朵，长至衣领，常以 6∶4 或 7∶3 的比例在头顶偏分。女子发型继承前代式样，两侧的垂发卷消失，脑后的发髻用丝绸包起来。19 世纪 60 年代，女子发型发生了戏剧性的变化，出现了系发史上前所未有的高发髻，其发髻高时可达 100 厘米左右。这种高发髻使用马毛做垫子或用金属丝做撑子，然后再用自己的头发覆盖，如果发量不够可加些假发，再用淀粉之类的黏合物和润发油固定。但是仅仅把头发做高还不能满足人们的装饰欲，她们还要挖空心思在高高耸起的发髻上做出许多特别的装饰物，如山水、盆景、森林、马车、牧羊人、牛羊等。如此高的发型，不仅要耗费大量的人力、物力和时间，对支撑这个物件的人来说也是一件相当费力的事。何况上面那些装饰物光怪陆离、富有幻想，其技术难度可想而知。

6. 20 世纪至今

20 世纪至今，随着世界经济的发展，发型也变得更加多元，个性化与国际化发型成为人们追求的目标。提供专业美发服务的高档营业场所“沙龙”即产生于 20 世纪，这标志着美发行业的发展进入了一个新的阶段。

课题 2
世界技能大赛美发项目简介

情境导入

美发师小丽为提升技能水平即将参加一场美发技能比赛，比赛将参照世界技能大赛美发项目参赛规则进行，所以她需要了解世界技能大赛美发项目的基本情况，这有助于她更好地准备比赛。

想一想： 世界技能大赛（WSC）是什么？

任务描述

收集中国美发代表队在第 41 至 45 届世界技能大赛上的参赛选手、参赛作品及参赛成绩信息。

任务分析

学生通过完成此任务，能够了解并掌握中国技能健儿在世界技能大赛舞台上的优异成绩，对技能竞赛规则有所了解。

任务准备

中国美发代表队在第 41 至 45 届世界技能大赛上的参赛选手及其作品图片，计算机，美发实训室。

任务实施与评价

1. 利用网络自主查询中国美发代表队在第 41 至 45 届世界技能大赛上的参赛选手、参赛作品及参赛成绩信息，要求收集的信息清晰、完整、全面。

2. 学生分组讲述自己收集的信息，要求准确复述各届参赛选手及获得的成绩，并正确判断历届参赛作品的特征。

3. 进行小组自评、他评及教师评价。

任务评价表

评价内容	自评 （优、良、差）	他评 （优、良、差）	教师评价 （优、良、差）	综合结果
1. 信息收集是否清晰、完整、全面				
2. 是否能独立复述第 41 至 45 届世界技能大赛美发项目参赛选手、参赛成绩及作品特征				
3. 学习态度是否积极				
4. 小组是否有效协作				

知识链接

世界技能大赛概述

世界技能大赛（World Skills Competition，WSC）是迄今全球地位最高、规模最大、影响力最大的职业技能竞赛，被誉为“世界技能奥林匹克”，其竞技水平代表了职业技能发展的世界先进水平，是世界技能组织成员展示和交流职业技能的重要平台。世界技能大赛由世界技能组织（World Skills International，WSI）举办，一个国家或地区在世界技能大赛中取得的成绩在一定程度上代表了其技能发展水平，反映了这个国家或地区的经济技术实力。发达国家特别是制造业强国都高度重视世界技能大赛，参赛队伍得到国家的大力支持和国民的高度关注。

1. 世界技能大赛简史

世界技能组织成立于 1950 年，其前身是“国际职业技能训练组织”（IVTO），由西班牙和葡萄牙两国发起，后更名为“世界技能组织”。世界技能组织注册地为荷兰，截至 2018 年 3 月共有 79 个国家和地区成员，其宗旨是：通过成员之间的交流合作，促进青年人和培训师职业技能水平的提升；通过举办世界技能大赛，在世界范围内宣传技能对社会经济发展的贡献，鼓励青年投身技能事业。该组织的主要活动为每年召开一次全体大会，每两年举办一次世界技能大赛，截至目前已成功举办 45 届大赛。我国于 2010 年 10 月正式加入世界技能组织，成为第 53 个成员国。中国的台湾、澳门和香港以地区名义加入该组织。

2. 世界技能大赛美发项目概况

美发项目是指对男士和女士头发进行剪发、烫发、染发、接发、造型以及对男士胡须进行设计处理和养护等操作，以表现顾客外形和个性的竞赛项目。比赛中对选手的技能要求主要包括：具有丰富的美发相关理论知识，在工作组织管理、健康安全及顾客沟通等方面体现良好的职业素养，运用娴熟的专业技术完成要求很高的剪发、染色、造型等操作；正确选择和使用化学品，根据要求进行特殊头发护理；具备较高的摄影能力和审美能力。

3. 中国参赛情况简介

（1）第 41 届世界技能大赛美发项目简况

2011 年 10 月 9 日晚，在英国伦敦举行的第 41 届世界技能大赛闭幕。首次参赛的中国代表团共参赛 6 个项目，焊接项目选手裴先峰获得银牌，美发项目选手祝青山获得第五名及地区最佳选手奖，其他中国选手均获优胜奖。在总成绩方面，中国队平均分在所有参赛队中名列第二。

世赛美发项目技术指导专家吉正龙与第 41 届选手祝青山

祝青山参赛作品——男士时尚发型

世赛人物：吉正龙

(2)第 42 届世界技能大赛美发项目简况

2013 年 7 月 7 日晚，第 42 届世界技能大赛在德国莱比锡闭幕。中国代表团参赛 22 个项目，获得 1 银 3 铜，同时取得 13 个项目的优胜奖。美发项目选手胡已雪获得一枚银牌及地区最佳选手奖。

世赛人物：胡已雪

世赛美发项目技术指导专家吉正龙与第 42 届选手胡已雪

胡已雪参赛作品——女士前卫发型

(3)第 43 届世界技能大赛美发项目简况

2015 年 8 月 15 日晚，第 43 届世界技能大赛在巴西圣保罗闭幕，我国共派出 32 名参赛选手，参加了 29 个项目的比赛，取得了 5 金 6 银 3 铜和 12 个优胜奖的优异成绩，实现了金牌零的突破。美发项目选手聂凤获得一枚宝贵的金牌。

世赛人物：聂凤

世赛美发项目技术指导专家吉正龙与第 43 届选手聂凤

聂凤参赛作品——女士三个愿望修剪发型

（4）第 44 届世界技能大赛美发项目简况

第 44 届世界技能大赛于 2017 年 10 月在阿联酋阿布扎比举行，来自世界技能组织成员国家和地区的 1 200 余名选手在 50 个项目展开角逐。中国参赛 46 个项目，以 15 枚金牌位列金牌榜第一，并取得奖牌第一、团体总分第一的好成绩。美发项目选手王芹获得第四名。

世赛美发项目技术指导专家吉正龙与
第 44 届选手王芹

王芹参赛作品——
男士时尚发型

世赛
人物：
王芹

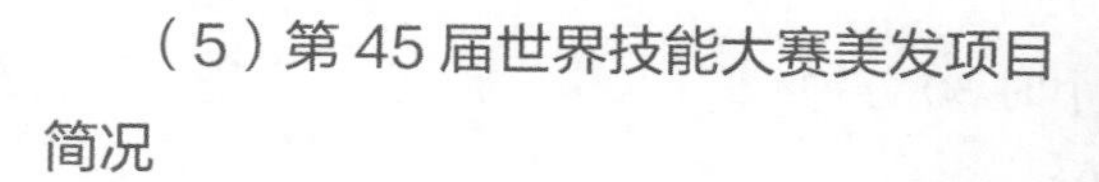

（5）第 45 届世界技能大赛美发项目简况

第 45 届世界技能大赛于 2019 年 8 月 23 日至 27 日在俄罗斯喀山举行，来自世界技能组织成员国家和地区的 1 355 余名选手在 56 个项目展开角逐。中国以 16 枚金牌位列金牌榜第一，并取得奖牌总数第一、团体总分第一的好成绩。美发项目选手石丹获得金牌。

世赛美发项目技术指导专家吉正龙与
第 45 届选手石丹

世赛
人物：
石丹

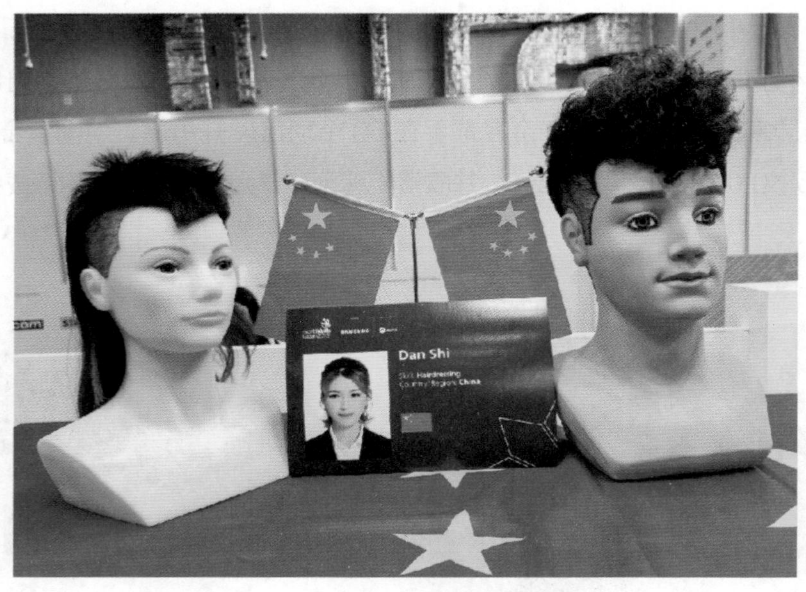

石丹参赛作品——女士时尚接发发型与男士烫发

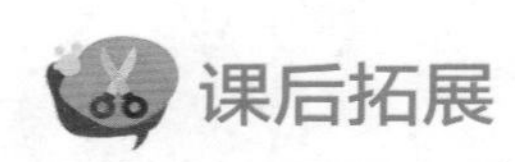

课后拓展

第 43 届世界技能大赛美发项目比赛模块

A　女士创意技术日妆发型——4 小时

B　女士创意技术晚宴发型——1 小时 30 分钟

C　男士烫发与胡须设计——3 小时

D　女士时尚长发向下造型——2 小时 30 分钟

E　新娘长发向上造型——1 小时 45 分钟

F　女士时尚修剪（三个愿望）——2 小时 45 分钟

G　男士古典发型——1 小时 45 分钟

H　男士时尚修剪——2 小时 45 分钟

第 44 届世界技能大赛美发项目比赛模块

A　女士商业沙龙剪发、染色及吹干——3 小时 15 分钟

B　女士时尚时装表演发型设计，使用假发束——1 小时 15 分钟

C　男士电烫发及胡须（三个愿望）——3 小时

D　女士时尚长发向下造型（三个愿望）——2 小时 30 分钟

E　女士新娘长发向上造型，使用提供的发饰——1 小时 30 分钟
F　女士时尚修剪及染色（三个愿望）——2 小时 30 分钟
G　男士古典发型（0 度起发角），吹干，使用真人模特——45 分钟
H　男士时尚剪发、染色（按照片）——2 小时 30 分钟
I　男士化学拉直和修剪，包括胡须——2 小时

第 45 届世界技能大赛美发项目比赛模块

A　女士商业剪发——2 小时 30 分钟
B　女士时尚发型设计，使用假发束——3 小时 30 分钟
C　女士真人走秀造型设计和会议造型（使用头模）——2 小时 30 分钟
D　女士真人时尚长发向上造型和会议造型（使用头模）——1 小时 30 分钟
E　男士古典造型（发角修剪），使用真人模特（使用头模）——45 分钟
F　男士商业造型——2 小时 30 分钟
G　男士造型，使用化学发型用品——3 小时 30 分钟

课题 3
美发发展趋势

情境导入

美发店主管面对初次到店的美发实习生，需讲授一堂关于美发发展趋势的课程，这对于新员工了解自己从事的职业至关重要，影响着一名美发师对自身职业发展的认识。美发店主管作为一名经验丰富的美发从业者，必须具备相关知识，并运用所学知识进行授课。

想一想：市场上有哪几种类型的美发店？

美发店

美发洗护室

任务描述

收集4种不同类型的美发店图片及1家美发店从业人员的职业资格等级与员工平均年龄信息。

任务分析

学生通过完成此任务，能够了解美发行业的市场细分，认知美发行业从业人员的年龄区间，识别不同美发店类型，并掌握美发从业人员职业资格等级与年龄的关系。

任务准备

不同类型美发店图片，职业资格等级问卷调查表，美发实训室。

任务实施与评价

1. 利用网络自主查询并收集4种不同类型美发店的图片。

2. 展示收集的美发店图片，要求收集的图片清晰、完整、全面，并清楚描述4种美发店的特征及判断依据。

3. 学生分组到校外实训室调研，填写职业资格等级问卷调查表，分别讲述各组调研结果。

4. 分组展示问卷调查表，总结美发从业人员职业资格等级与年龄的关系。

5. 进行小组自评、他评及教师评价。

任务评价表

评价内容	自评 （优、良、差）	他评 （优、良、差）	教师评价 （优、良、差）	综合结果
1. 收集的美发店图片是否清晰、完整、全面				
2. 是否能有效完成职业资格等级问卷调查表				
3. 学习态度是否积极				
4. 小组是否有效协作				

知识链接

美发行业介绍

1. 美发机构经营状况

（1）目前我国美发行业运行状况良好，从业者在正常经营状态下收入较高，与餐饮、娱乐、保健等第三产业相比，处于中等偏上水平；从业人员数量、美发机构规模、服务性收入和消费人群数量等各项指标均朝好的方向发展。

（2）美发行业分为服务业、生产业以及流通和教育培训等几个方面，其中服务性机构为产业的主体。

（3）美发消费的人群涉及各行各业，其中公职人员、技术人员、自由职业者、企业人员是主要的消费者，约 70% 的人对美发行业发展持乐观态度。

（4）目前我国大多数美发机构正由单一走向综合，形式也日趋多样，标准化、规模化管理逐渐被业界所认识。目前从经营规模来看，中小型美发机构，包括连锁的中小型机构占大多数，说明整个产业模式的提升和改造还未完成。

2. 美发从业人员特征

（1）从从业人员年龄和学历分布看，从业者大多学历不高、年龄偏小，主要通过内部的职业培训来完成技能教育。而现在已逐步有高学历的人才进入美发行业，并接受国家专业培训机构进行的专业培训。

（2）从从业人员职业资格分布看，主要从业者的职业资格呈正态分布，但具有高级职业资格的人员较少。

3. 中国美发行业发展前景

近几年来，我国的服务消费水平快速增长，传统意义上的吃、住、行消费结构已不能满足人们的消费需求，开始由生存型向享受型方向改变，新的结构变为吃、住、行、美、文化、娱乐。因此，美发行业的发展将随着国家经济的发展、人们生活水平和消费水平的不断提高，有着更加广阔的发展空间。

（1）市场专业化细分程度提高

一方面，消费者对自身形象日益重视，需要服务消费领域提供相应的产品和服务予以满足；另一方面，美发行业竞争日趋激烈，企业要想在竞争中赢得一席之地，只有将专业细分进行到底，才可能发现市场存在的空白点，找到新的发展空间。市场需求和行业竞争加剧了美发行业的细分，市场的特色化细分将成为行业发展的主要路径之一。在美发服务方面，可以细分为专业美发、专业女士烫染、专业头皮护理、专业儿童理发、专业男士理发等市场，其中的专业头皮护理将引领美发新时尚。

（2）“90 后”和“00 后”将引领个性服务消费

“个性美发”的概念日趋火热，但由于需求量等各种因素，市场规模有限。而未来，“90 后”和“00 后”这个相对追求个性化的群体，无论是在家庭还是在社会中，都将逐渐扮演重要角色，成为美发市场的消费主体，由于他们思想活跃、性格鲜明，势必会给这个行业带来真正意义上的个性化变革。未来，个性美发将成为市场的消费趋势，个性化服务则将成为行业发展的必然趋势。

课后拓展

美发师职业技能要求

1. 初级美发师职业技能要求

能准备工具、环境，做好礼仪接待；熟练掌握洗头按摩技术；熟练运用剪发工具；具有能修剪一般男士、女士发型的技能；给顾客烫发时懂得选择适合的卷杠；会控制吹风机的温度、风力、送风时间和角度等；会调整白发染黑的染发剂并确定停放时间；能根据不同情况选择适合的护发产品等。

2. 中级美发师职业技能要求

除了具备初级美发师掌握的技能外，还能与顾客进行项目服务的沟通；能根据顾客条件推荐合适的发型；能根据顾客的发质特点选择烫发液、染发膏和卷杠的排列方法；能根据试拆卷判断卷发的效果；能运用造型工具和吹风机配合进行发型操作；能进行多种形式的接发操作等。

3. 高级美发师职业技能要求

除了具备初级、中级美发师掌握的技能外，还能根据顾客的外形条件，通过与顾客的沟通交流了解顾客需求并帮助顾客设计合适的发型；在修剪上能完成各式男士发型的修剪，并对女士长发、短发、中发运用各种层次组合技法进行综合层次发型的修剪；在烫发上能使用不同卷杠工具和卷杠方法；能掌握市场的最新潮流及最新发型，对长、中、短波浪发型进行造型；能熟练开展盘发、编发、束发、包发等生活类晚宴造型；能根据顾客发质和喜好选择漂发、染发的材料，确定基色与目标色；会挑染、线染、片染、层染等操作；能操作染发仪器，控制时间及温度对漂染的头发进行加热着色等。

模块二

初识美发师职业

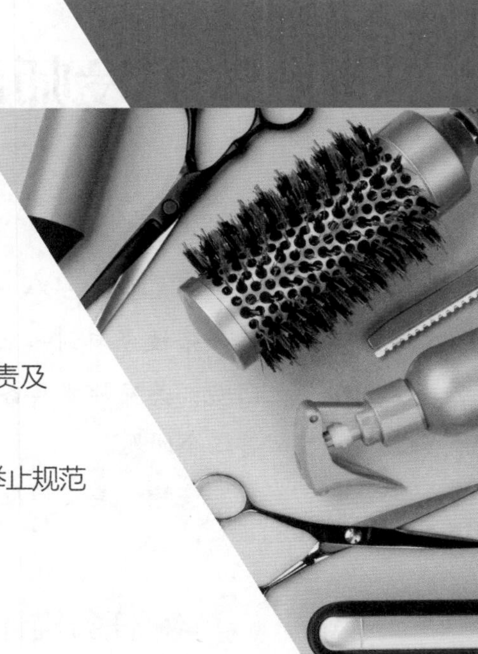

学习目标

了解美发师职业道德标准及职业素养

了解美发服务程序与规范，掌握岗位职责及管理制度

掌握美发师仪表规范、语言规范和举止规范

课题1
美发师职业道德及职业素养

情境导入

小张被分配到一家美发店实习，美发店主管在面试小张的时候提出一个问题：美发师要具备哪些职业道德及职业素养？小张需要用所学知识来回答这个问题。

想一想： 美发师应具备哪些职业道德及职业素养？

任务描述

收集能体现美发师职业素养的文字、图片及美发师职业道德标准条例。

任务分析

学生通过完成此任务，能够掌握美发师应具备的职业素养，并复述美发师职业道德标准。

任务准备

美发师职业道德标准条例，体现美发师职业素养的文字及图片，美发实训室。

任务实施与评价

1. 利用网络自主查询体现美发师职业素养的文字、图片及美发师职业道德标准条例。

2. 学生分组讲述自己收集的体现美发师职业素养的图片特征及美发师职业道德标准条例，要求清楚描述美发师职业素养及美发师职业道德标准。

3. 进行小组自评、他评及教师评价。

任务评价表

评价内容	自评 （优、良、差）	他评 （优、良、差）	教师评价 （优、良、差）	综合结果
1. 是否独立复述美发师职业道德标准				
2. 是否清楚描述美发师职业素养				
3. 学习态度是否积极				
4. 小组是否有效协作				

知识链接

美发师职业道德及职业素养

1. 美发师的职业道德

美发师的职业道德是美发职业工作的具体表现，全心全意为人民服务是美发师职业道德的核心内容。美发师对社会承担着自己特殊的责任，美发师要忠于职守、钻研业务、尽心尽力地完成工作任务，这是热爱本职工作，有事业心和责任感的良好职业道德的具体表现。热爱本职工作，不但要做到诚实守信、爱岗敬业、守职尽责，也要有注重效率的服务意识。对自己所从事的专业要充满自信，对工作要认真负责，刻苦钻研技术，认真学习美发知识和技能，不断提高理论水平和实际操作能力，树立全心全意为顾客服务的思想，以美学为指导，不断创新，努力做到使顾客满意，争做一名合格的美发师。

2. 美发师的职业素养

一名优秀的美发师，不但要在道德上，而且要在技艺和思想等方面有较高的修养，经得起实际工作的磨炼和考验，只有这样，才能逐步得到社会的认可。一位专业美发师应具备的职业素养包括：典雅的风度、高超的技术、丰富的内涵、端庄的举止、文雅的谈吐，在待人接物时，要彬彬有礼、落落大方。

美发师在一天的工作和生活中，会遇到许多麻烦、困难或不愉快的事情，这就要求美容师要有稳定的情绪、亲切的态度、幽默的个性，在遇到困难时能保持冷静，在工作中容易与人相处，让人觉得愉快、喜悦，要做到这些，美发师需要在生活和工作中保持健康、积极的态度，尽最大努力来塑造良好的职业素养。

课后拓展

职业道德的起源

马克思说过：“任何一个民族，如果停止劳动，不用说一年，就是几个星期，也要灭亡。”由此可见，劳动过程中会产生长期从事的某种工作，而社会分工的不同就有了各种不同的业务和职责，这就产生了职业的概念。职业是指人们由于社会分工不同而产生的专业业务和特定职责，并以此作为主要生活来源的工作，而职业道德是从事一定职业的人们在劳动中应该遵守的规章制度和行为准则。

课题 2
美发服务程序与规范

情境导入

美发助理需要接受美发服务程序与规范的岗前培训，美发店主管需要用所学知识来培训美发助理。

想一想： 美发服务程序与规范有哪些？

任务描述

在网络上收集 3 个美发店的美发服务程序并进行归纳总结。

任务分析

学生通过完成此任务，能够掌握并识别不同美发店的美发服务程序，并复述各有什么区别。

任务准备

3 个美发店的美发服务程序，美发实训室。

任务实施与评价

1. 利用网络自主查询 3 个美发店的美发服务程序及规范。
2. 展示收集的美发店服务程序，要求收集的服务程序清晰、完整、全面。

3. 学生分组讲述自己收集的3个美发店的服务程序，要求清楚描述各美发店的服务流程。

4. 通过对3个不同美发店服务程序的分析、对比，选择出最佳的服务程序。

5. 进行小组自评、他评及教师评价。

任务评价表

评价内容	自评（优、良、差）	他评（优、良、差）	教师评价（优、良、差）	综合结果
1. 收集的美发店服务程序是否清晰、完整、全面				
2. 是否能独立复述各美发店的服务程序				
3. 学习态度是否积极				
4. 小组是否有效协作				

知识链接

美发服务程序与规范

1. 美发服务程序

美发服务程序是指自顾客进门直至美发结束、离店过程中为其服务的先后顺序。具体程序如下：

（1）迎客

顾客进门后，美发店设有专职接待人员的应由接待人员主动上前问候，介绍服务项目及经营特色，询问顾客需求，并视情况进行安排。对需等候的顾客要协助其存好衣物，呈送饮用水、报纸、杂志等。无专职接待人员的美发店应由空闲的美发师或就近的美发师向顾客打招呼。

（2）美发操作

征求顾客意见，了解顾客需求，观察顾客相貌特点，制定发型设计方案，并在与顾客取得共识后，再按程序进行美发操作。

（3）送客

操作完毕，得到顾客的认可后，帮顾客带好衣物，引导顾客到收款台付款，主动向顾客道别。

2. 美发服务规范

美发服务规范是指美发服务的标准。由于各美发店的等级不同，服务标准也不尽相同。下面介绍的是一般的美发服务规范：

（1）迎接顾客时应站在顾客前方一侧，保持适当的距离，自然站立。使用敬语，吐字清楚，声音要轻柔。在与新进店的顾客打招呼时，应先向服务中的顾客道“对不起”。

（2）请顾客入座应辅以手势，手势要准确，动作自然大方。对老年人或行动不便者应给予协助。

（3）在动手操作前，一定要先与顾客进行充分的沟通并达成共识。服务中要注意观察顾客的反应，以便及时、妥善地处理出现的情况。

（4）按照等级标准、操作规程顺序操作，动作要准确、轻柔、稳重。操作中需要顾客进行配合时，一定要使用“对不起”“请您……”等语言，配以手势并致谢。

（5）操作中除遇特殊情况外，不应中断服务。操作中不应与他人聊天，不允许吸烟，需要接听电话或者其他事情必须中断服务时，应向顾客致歉，并取得顾客的同意。

（6）因故耽搁服务的（无法履约）应向顾客进行解释、致歉，取得顾客的谅解，并采取相应的补救措施，以使顾客满意。

（7）与顾客交流不应涉及与工作无关的内容。

（8）顾客对服务表示不满或发生冲突时，首先应向顾客表示歉意，并立即向相关人员反映，及时处理问题，不得争吵或私下处理，其他人员不应围观或介入。

（9）服务结束后结账时，应请顾客确认服务项目和金额，唱收唱付。结账后，双手将账单、余款递到顾客手中并致谢、道别。

（10）对于初次来店的顾客，一定要认真介绍服务项目、收费标准，使其清楚服务项目的价格，避免服务结束后，在结账时出现误解。

3. 美发岗位职责

岗位职责是指每一个岗位所应承担的工作内容及相关职责。美发店全体工作人员均应各司其职，并相互配合做好服务。各岗位人员均应在美发店营业开始之前整理好各自区域的卫生，做好营业的准备工作；整理好个人仪表（有统一着装要求的还应换好工作服），以良好的精神面貌迎接顾客；按对外公布的时间准时开始营业；

营业时间结束前不应拒绝服务，工作时间不得擅离岗位。各岗位职责具体如下：

（1）接待人员岗位职责

1）顾客进店，主动迎上前去，使用欢迎用语，询问顾客需求，介绍店内情况，根据顾客需求进行安排。

2）为顾客呈送饮用水、报纸、杂志等，协助顾客存好衣物。

3）接听电话，登记顾客预约，解答问题。

（2）美发师岗位职责

1）根据接待人员（主管）的安排或排班顺序，依照顾客进店的先后顺序或预约时间为顾客服务。

2）请顾客入座，了解顾客需求，提出建议，与顾客达成共识后，做操作前准备。

3）按顾客要求的项目，自己动手或安排助理按服务程序、用料标准进行操作。

4）安排助理做的项目，要向助理说明操作要求，并检查其工作情况，确保质量。

5）与其他工种（如美容）进行接洽，安排好顾客需要的相关服务。

6）服务结束后，引导顾客到收款台，填好账单，请顾客确认并结账。

（3）美发助理岗位职责

1）按照美发师指示的工作内容，根据操作规程进行操作。

2）操作过程中要及时听取顾客的反映，如洗发时水温的冷热、按摩时力度的大小等，并依照顾客的要求进行调整，以达到顾客满意为止。

3）相关工作完成后，请顾客回到原位，由美发师继续为顾客服务。

4）美发师操作时，按美发师要求在一边辅助，如递工具等，以方便美发师操作。

（4）收银员岗位职责

1）负责向顾客介绍服务项目、收费标准。

2）根据美发师填写的、经顾客确认的账单收款。

3）协助管理顾客衣物。

4）填写当日营业报表。

5）按财务管理要求上缴营业收入。

（5）美发店主管岗位职责

1）班前检查准备工作，包括环境卫生、工具用品、员工仪表等。

2）合理调度各岗位人员，提高工作效率。

3）检查、监督各项规章制度的落实情况，处理违章违纪行为。

4）解决顾客的特殊问题。

5）处理投诉。

4. 美发企业规章制度

美发企业的工作人员，分别在互相关联的不同岗位和部门工作。因此，在业务活动中，须有一个全体人员都必须遵守的规则，以保证各项工作有秩序而顺利地开展，这个规则就是企业的各项规章制度。建立并执行各项行之有效的规章制度，既可以保证美发企业近期及长远的利益，也可以保护消费者及员工的权益。规章制度是企业（行业）长期实践经验的总结，许多历史经验在现实中都可借鉴。同时随着时代的发展及客观环境的变化，原有的规章制度必须不断更新，增加新的内容，使之达到新的层次。但无论制定何种规章制度，都必须遵循切合实际和行之有效的原则。

一般来说，美发企业规章制度大体包括服务公约、岗位责任制、操作程序、质量标准、员工守则、培训考核办法、考勤制度、卫生管理制度和奖惩制度等。

5. 美发服务质量标准和技术管理制度

美发的服务质量不仅仅指洗、剪、吹、烫、染和护理等具体项目操作本身的质量，还应该包括营业场所的环境、设备，使用的物料及服务程序、服务态度等。美发服务的过程就是顾客消费的过程，而消费过程的质量不能只以操作的最终结果来判断。同时，由于美发服务是为具有不同客观条件（生理、心理）的顾客服务的，即使完全相同的服务项目，不同顾客的满意程度也会不同。因此，衡量美发服务质量的标准除了专业方面的指标外，还应加上顾客的评估，即满意程度。

能否使顾客满意，首先在于是否与顾客有充分的沟通并达成共识，而更为关键的是美发从业人员是否具有相应的技术能力。美发行业技术管理方面有以下几点具体要求：

（1）根据美发行业的特点及企业等级水平的不同，每个美发店对从业人员的要求也有所不同。因此，应根据美发店的档次及所设的项目，对全体上岗人员进行技术考核，考核达标后方可上岗。

（2）设立检查人员，制定检查制度，避免上岗人员在技术上有不规范和偷工减料行为。

（3）定期对上岗人员进行技术培训，定期派人到相关机构进行技术交流，不断引入新技术，持续学习，提高上岗人员的技术水平。

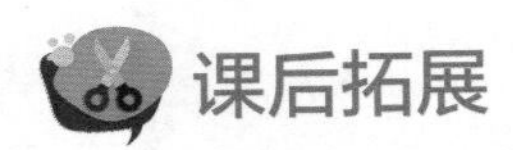

课后拓展

美发师服务接待准备要求

准备事项	准备要求
个人形象准备	1. 美发师的发型需体现出美发店的服务特征
	2. 美发师的妆容需得体
	3. 在工作期间，美发师应穿着统一工作服或得体的服装
	4. 在工作期间，美发师可根据实际需要穿着轻便、舒适、得体的鞋
个人卫生准备	1. 美发师头发需干净，无异味、头屑
	2. 美发师面颈部需干净，无污垢
	3. 美发师口腔需干净，无异味及食物残留物
	4. 美发师着装需干净、整齐，无褶皱、异味
	5. 美发师手部需干净，指甲不得过长且不得涂抹颜色艳丽的指甲油

课题 3 美发师礼仪规范

情境导入

美发店主管在上班前对每位员工进行礼仪规范检查时，发现美发助理小张的迎宾姿态不符合规范要求，美发店主管要对她进行培训。

想一想： 迎宾姿态分为哪两种？

任务描述

1. 收集美发从业人员坐姿与走姿的图片。
2. 收集美发从业人员迎宾姿态与送客姿态的图片。

任务分析

学生通过完成此任务，能够掌握美发从业人员坐姿、走姿、迎宾姿态和送客姿态的规范。

任务准备

美发从业人员坐姿、走姿、迎宾姿态与送客姿态的图片，美发实训室。

任务实施与评价

1. 利用网络自主查询美发从业人员坐姿、走姿、迎宾姿态与送客姿态的图片。

2. 展示收集的图片，要求收集的图片清晰、完整、全面。

3. 学生分组讲述自己收集的美发从业人员坐姿、走姿、迎宾姿态与送客姿态的图片特征，要求清楚描述各姿态特征及规范。

4. 通过对美发从业人员坐姿、走姿、迎宾姿态与送客姿态特征的分析，正确复述美发服务接待礼仪规范。

5. 进行小组自评、他评及教师评价。

任务评价表

评价内容	自评（优、良、差）	他评（优、良、差）	教师评价（优、良、差）	综合结果
1. 坐姿、走姿、迎宾姿态与送客姿态图片收集是否清晰、完整、全面				
2. 是否能独立复述坐姿、走姿、迎宾姿态与送客姿态特征及规范				
3. 学习态度是否积极				
4. 小组是否有效协作				

美发师的礼仪规范

1. 仪表规范

仪表规范是美发师在精神面貌、容貌修饰、着装服饰等方面上的要求。

（1）微笑服务

微笑服务是对美发师在美发服务中最基本的要求，对顾客态度要亲切热情，微笑要真诚自然。

（2）容貌修饰

勤理发，勤洗澡，勤修指甲，发型端正大方，工作时化淡妆，不留披肩发，不戴耳环、戒指。

（3）着装整洁

着装要求干净、整洁，纽扣扣好，在室内不戴太阳镜。

（4）检查仪表

在美发店里都有仪容镜，在进入工作岗位前先对照镜子检查自己的表情、容貌、着装，合格后再上岗。

2. 语言规范

语言规范是美发服务过程中，对美发师在语言、谈吐方面的要求。

（1）应向顾客主动、礼貌问好，如：您好，早上好，中午好，晚上好。

（2）和顾客交流时以保持一步半的距离为宜，听顾客说话时不要左顾右盼、漫不经心，而应端正自然、目视对方、神情专注，对没有听清楚的地方可以请顾客再重复一遍。

（3）回答问题时，声音不宜过大或过小，以对方能听清楚为宜，表述要简洁明了，向顾客提问时要注意分寸，语言要适当。比如问对方叫什么名字时，不能说："你叫什么？"应说："我应该怎样称呼您呢？"与顾客交谈时，注意倾听，让对方把话说完，不要抢话，回答对方问话时，一定要实事求是，知道多少说多少；顾客在谈话时，不可旁听或在一旁窥视，更不可以在一旁插话；如果有重要事情必须要打扰顾客，应先在一旁等待，等顾客有所察觉时才可以说："不好意思，打扰你了。"然后等顾客允许后方可讲话。

3. 举止规范

举止规范是对美发师在工作中的行为、动作要求。

（1）坐的姿势要端正，不得前俯后仰，不得将脚跨在桌子、沙发或架在茶几上，不得在顾客面前双臂抱胸、跷二郎腿或半躺半坐。

（2）行走时要求挺胸抬头，双目平视前方。男性美发师行走时，两脚脚跟需交替前进，脚尖稍向外展，步幅约为本人一脚的长度；女性美发师行走时，双脚需踏在一条直线上，步幅也是约为本人的一脚长度。

（3）站姿通常包括两种。一种是腹前握手式站姿，要求上身挺直，头部端正，双目平视，面带微笑，双肩水平，收腹挺胸，双手握于腹前。其中，男性美发师需将右手握在左手的手背部位，同时可将双脚分开平行站立，但两脚距离不得超过肩宽；女性美发师则需将右手握在左手的手指部位，双手的交叉点需在衣扣的垂直线上，同时一脚放前，将脚后跟靠在另一只脚脚弓的部位，形成"丁"字步。另一种是双臂后背式站姿，要求美发师上身挺直，双肩收平，收腹挺胸，双手在身后相握，右手握住左手的手腕，置于髋骨处，两臂的肘关节自然收敛，脚尖打开 60 度或双脚分开约 20 厘米。

课后拓展

服务礼仪小贴士

1. 不要打听顾客的私事，如询问顾客饰物、服装的价格或产地等，以免引起误会。

2. 严格遵守美发店规章制度，不随意接受顾客礼物。

3. 顾客离开美发店时，应主动欢送，可以说些关怀的话语。

4. 服务完成后 72 小时内，应询问顾客产品使用情况及发型效果，并与顾客保持长期联系。

模块三

初识美发店卫生与安全知识

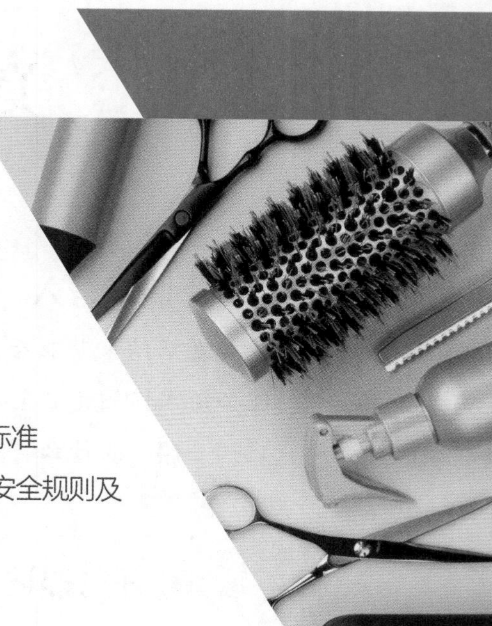

学习目标

了解美发店环境的卫生标准

掌握美发店用品、用具的消毒程序

了解世界技能大赛美发项目客观评价标准

掌握世界技能大赛美发项目健康与安全规则及操作流程中的规范

课题1
美发店卫生知识

情境导入

美发店结束营业后，美发助理需进行店内环境卫生的清洁工作，美发助理必须掌握相关卫生知识，才能对美发店进行专业的打扫、消毒操作。

想一想：为什么美发店需要进行专业的打扫、消毒操作？

任务描述

列举出3件在美发店中需要做的环境卫生工作，收集3种美发工具消毒方式。

任务分析

学生通过完成此任务，能够认识并正确选用环境、用品、用具的清洁及消毒方式。

任务准备

美发用品、用具，消毒液，毛巾，消毒柜，美发实训室。

任务实施与评价

1. 利用网络自主查询并列举出3件在美发店中需做的环境卫生工作。

2. 图片展示3件美发店环境卫生工作，要求正确、完整、全面地列举出3件环境卫生事件。

3. 学生分组讨论出3种美发工具消毒方式，每组派代表简述3种消毒方式。

4. 在实训室独立操作3件美发店中需做的环境卫生事件，并选用适合的消毒方式对环境、用品、用具进行消毒。

5. 进行小组自评、他评及教师评价。

任务评价表

评价内容	自评（优、良、差）	他评（优、良、差）	教师评价（优、良、差）	综合结果
1. 是否列举出3件在美发店中需做的环境卫生工作				
2. 是否独立、正确操作列举出的3件环境卫生工作				
3. 学习态度是否积极				
4. 小组是否有效协作，讨论出3种美发工具消毒方式				

美发店卫生知识

美发行业的服务性质决定了卫生与消毒工作的重要性。对此，美发店应对环境卫生给予足够的重视，维护环境、自身和顾客的身体健康，有效预防疾病的传播。

美发店属于公共场所，美发师为顾客提供的是面对面的服务，因此，不论是环境卫生还是美发师的个人卫生都非常重要。

1. 环境卫生

美发场所应当设置在室内，根据功能划分，应当设有剪、烫、染等工作区域，并有良好的通风和采光条件。美发场所的地面、墙面、天花板应当使用无毒、无异味、防水、不易积垢的材料铺设，并保证平整、无裂缝、易于清扫。

每日工作开始前，美发助理需打开通风设施，保持室内空气清新，并检查美发店的照明是否满足美发操作的基本要求，各区域卫生条件是否达标。

每日工作中，美发助理需对工作台、地面、墙面及各类设施、设备随时进行清扫和擦拭，保持环境的整洁。

每日工作结束后，美发助理需用地面、镜面、设备专用消毒用品，对地面和所有设备、用具进行擦拭。

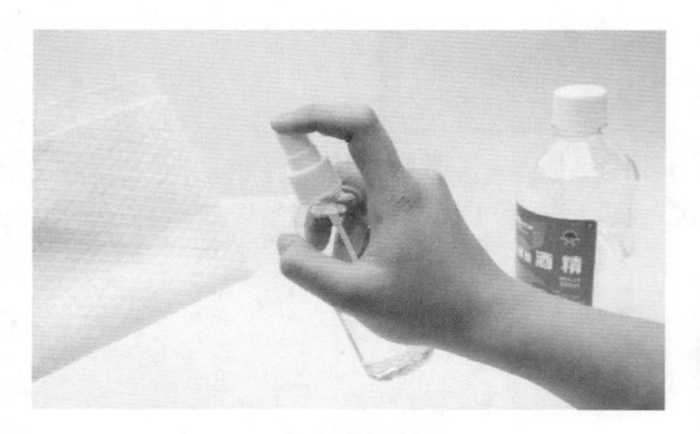

喷消毒酒精

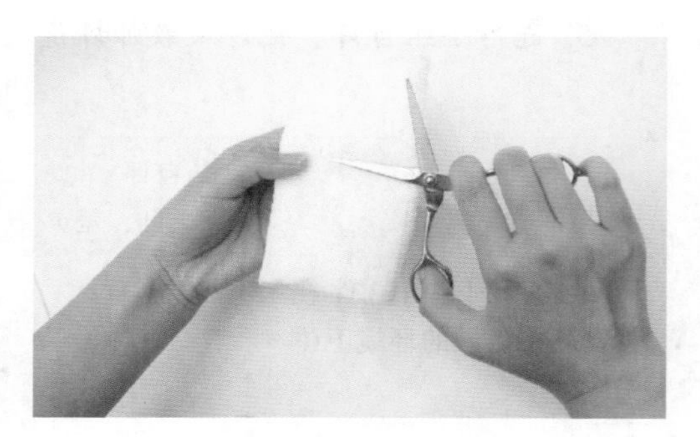

擦拭工具

擦拭镜面

擦拭地面

2. 美发工具卫生

（1）美发工具卫生基本要求

1）美发工具应摆放在专用的工具台上或物品柜中。美发操作过程中，必须保持操作工位及用品、用具的干净整齐。

2）尖锐的美发工具应存放在加盖密闭的盛放容器中。

3）废弃工具应存放在有特殊标识的、加盖密闭的盛放容器中。

4）清洗、消毒和保洁设施应当有明显标识，容积应能满足用品、用具消毒和保洁要求，并易于清洁。

5）美发店应配备皮肤病患者专用工具箱，并设有明显标识。

6）对每位顾客使用的美发工具，都要进行消毒。

（2）美发工具的消毒

消毒是用物理方法和化学方法杀灭、清除致病微生物的过程。美发店人员流动性大，温度高、湿度大，这些因素都有利于病原体传播，所以美发店的消毒工作至关重要。消毒的主要方式包括高温物理消毒和化学药物消毒 2 种。

1）高温物理消毒。高温物理消毒是利用高温进行消毒的一种方法，包括煮沸消毒、蒸汽消毒和烘烤消毒等。

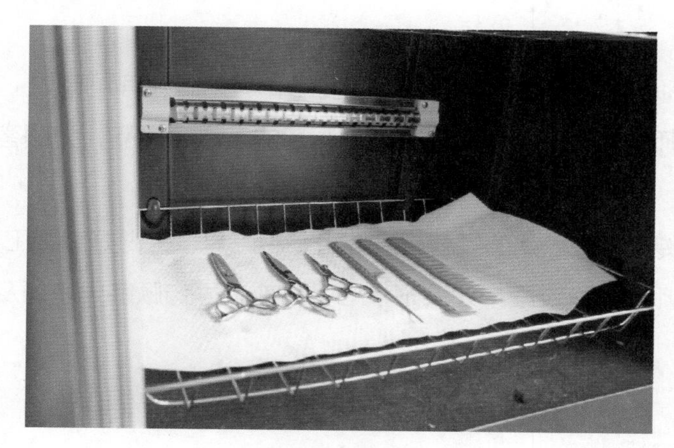

高温物理消毒

2）化学药物消毒。化学药物消毒是利用化学药剂杀灭病菌的方法，包括酒精消毒、消毒液消毒等。酒精消毒适用于美发工具、器皿的消毒，操作时先将美发工具清理干净，再用浓度 75% 的酒精擦拭。消毒液消毒适用于镜面、地面、用具的消毒，操作时将消毒液按一定比例稀释，再把清洗干净的用品放在溶液中浸泡 15 分钟，取出后用清水冲洗干净，擦干即可。

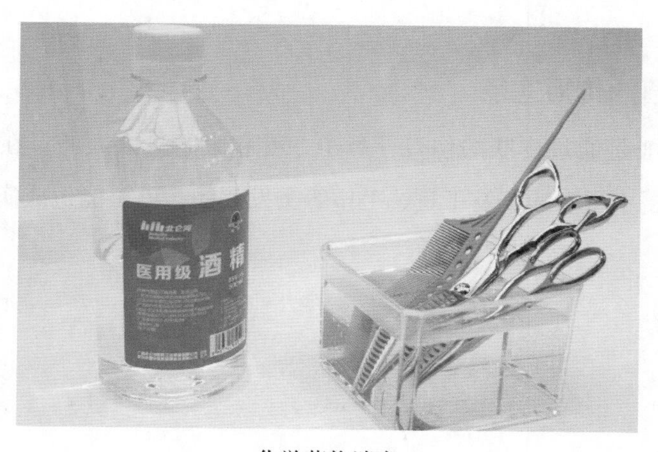

化学药物消毒

3. 个人卫生

（1）美发师要有良好的卫生习惯和生活习惯。

（2）要注意保持着装干净、整洁，勤洗手、洗头发、洗澡，保持头发和肌肤的清洁。

（3）美发师不要留长指甲，以免滋生细菌。

（4）美发师为顾客服务时，若需接触化学用品，要戴口罩、手套、眼罩，做好防护。

（5）美发师与顾客交谈时，注意口腔清洁，避免口腔有异味。

（6）美发师为顾客服务时，应选用消毒后的工具、用品，为顾客做好卫生防护措施。

（7）对有传染性皮肤病的顾客，应准备专用工具，并做好消毒工作。

（8）美发师在操作过程中如果不小心受伤或者弄伤顾客，必须及时消毒，并报告主管。

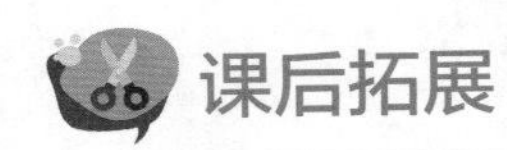

病菌的传播与消毒

1. 病菌的种类

病菌主要包括细菌、真菌和病毒三种类型。细菌对环境、人类和动物既有用处，又有危害。一些细菌成为病原体，导致破伤风、伤寒、肺炎、霍乱和肺结核等。真菌可引起毛发、皮肤和指甲的疾病，如皮癣、头癣等。常见病毒有流感病毒、麻疹病毒等。

2. 病菌的传播途径

病菌一般是通过皮肤的伤口、鼻子、嘴和眼睛进入人体。在美发店，如果顾客接触了不干净的美发工具、毛巾等美发用品，就可能造成病菌的传播。

课题 2
美发店安全知识

情境导入

美发店主管需对新到岗的员工进行美发店安全知识培训，以确保新员工按时上岗，避免工作安全隐患。

想一想： 美发店存在的安全隐患有哪些？

任务描述

列举出 3 处美发店常见的安全隐患，并查找出解决方法。

任务分析

学生通过完成此任务，能够正确存放美发店具有安全隐患的用品，能对美发店发生的安全事件作出正确反应。

任务准备

美发用品、用具，安全警示标志，美发实训室。

任务实施与评价

1. 利用网络自主查询并列举出 3 处美发店常见的安全隐患。
2. 图片展示美发店 3 处安全隐患，要求正确、完整、全面地列举出 3 处安全隐患。

3. 学生分组讨论，找出3处安全隐患的解决方法。

4. 在实训室，小组配合演练3件美发店安全隐患事件，并选用适合的解决方法排除隐患。

5. 进行小组自评、他评及教师评价。

任务评价表

评价内容	自评 （优、良、差）	他评 （优、良、差）	教师评价 （优、良、差）	综合结果
1. 是否列举出3处美发店常见的安全隐患				
2. 是否正确存放美发店有安全隐患的用品				
3. 学习态度是否积极				
4. 小组是否有效协作，讨论出3处安全隐患的解决方法				

知识链接

美发店安全知识

美发服务项目繁多，工序较为复杂，必须借助相应的工具、设备和产品才能完成。由于工具、设备和产品的特殊性，美发店存在诸多安全隐患，做好安全隐患防范措施，对于营造安全整洁的美发店环境尤为重要。以下几个方面是美发店常见的安全隐患。

1. 消防安全

美发店内电气设备、电源线路较多，存在一定的火灾隐患。美发店工作人员应树立防火意识，学习防火知识，消除火灾隐患，具体注意事项如下：

（1）正确使用各种电气设备，避免因操作不当而引发火灾。

（2）及时清理美发店内的易燃物品，如头发、纸屑等。

（3）美发店必须配备灭火器等灭火设备。

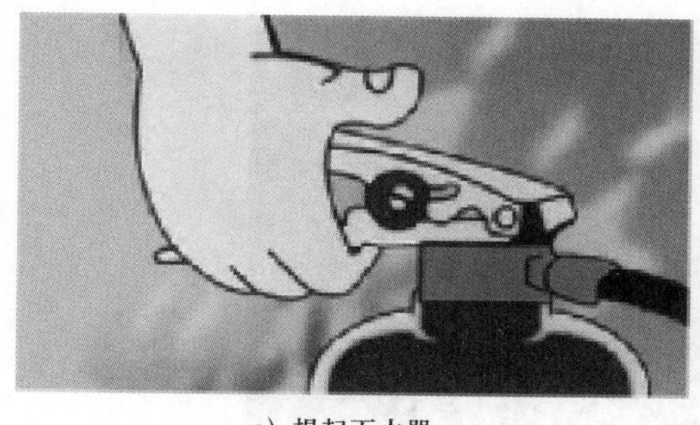

a）提起灭火器

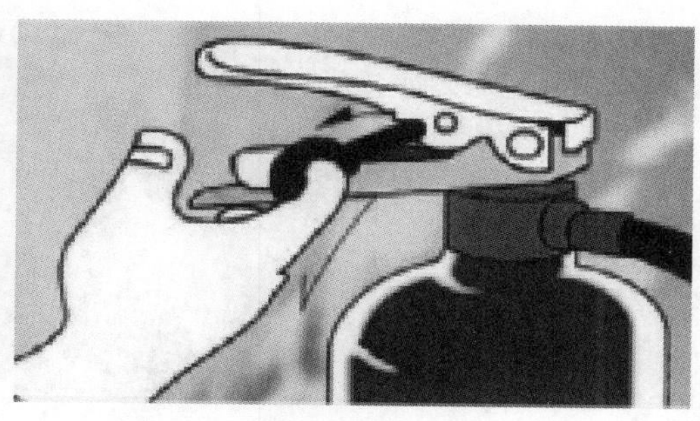

b）拔下保险销

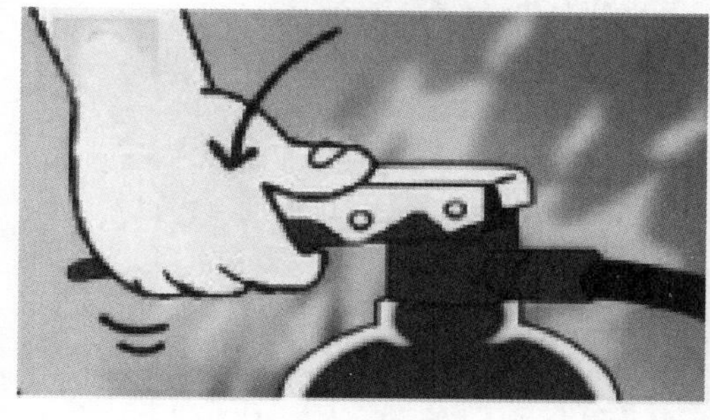

c）用力压下手柄

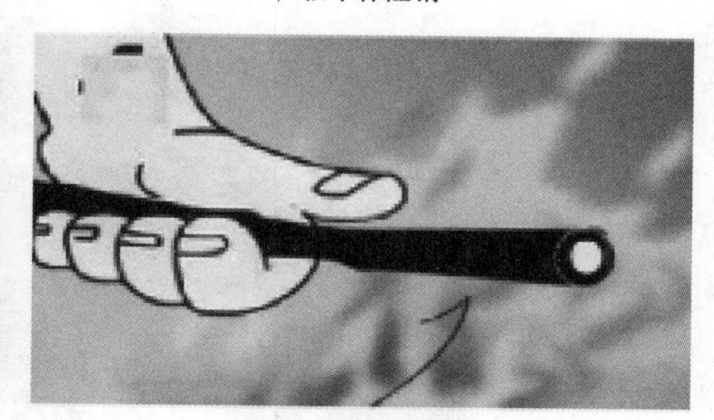

d）对准火源根部扫射

灭火器使用方法

2. 用电安全

美发店内电源线路、仪器设备较多，在操作和使用过程中，要求美发师掌握用电知识，遵守用电规则，具体注意事项如下：

（1）定期检查美发电气设备的电源线路，如有破损应停止使用。

（2）美发电气设备在使用后，应及时关闭电源开关，避免长时间通电运转造成机器损坏。

（3）维修美发电气设备及配电设施时，应切断总电源或电气设备电源，以免触电。

（4）不要在一个插座上使用过多的美发电器，以免烧坏插座。

（5）不要用湿手触摸电线、电源开关及电源插座，以免发生触电事故。

（6）在操作过程中避免电线缠绕在顾客周围。

3. 产品使用、存放安全

很多美发产品都属于化学产品，如发胶、烫发水等，使用不当会对人体造成危害。美发师要熟知这类产品的危害和预防措施，具体注意事项如下：

湿手不能碰电线

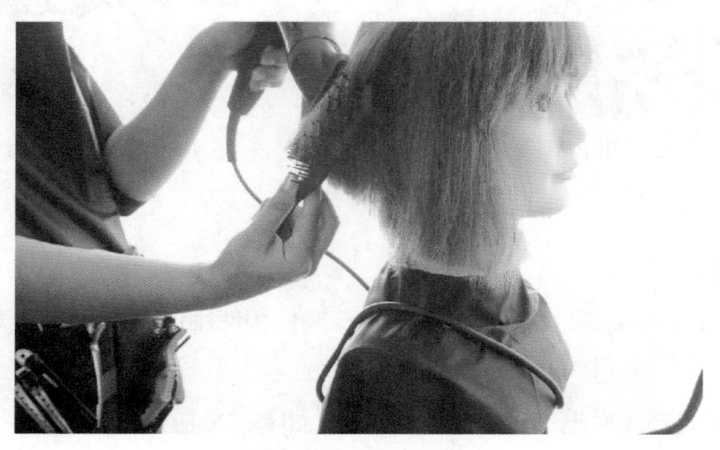

电线不能缠绕顾客

插座上不能有太多电器插头，电线不能太凌乱

（1）使用任何美发产品前，必须先查看说明书，按产品说明上的指示或建议稀释产品，没有产品说明的化学品，不可以随便混合。

（2）使用产品时戴上保护性手套，穿上防护性衣物。

（3）产品使用后应立即盖上瓶盖，以免洒溅或发生化学反应。在操作过程中，若发生化学品洒溅，应立即擦拭。

（4）未使用完的产品需倒在专用的垃圾桶内，不得用水直接冲洗。

（5）发胶、摩丝、啫喱等易燃产品应在通风环境下使用，且存放时要远离火源和高温。

（6）根据产品的不同功效，对产品进行分区域存放，并安排专人对产品存放处进行管理。

产品存放

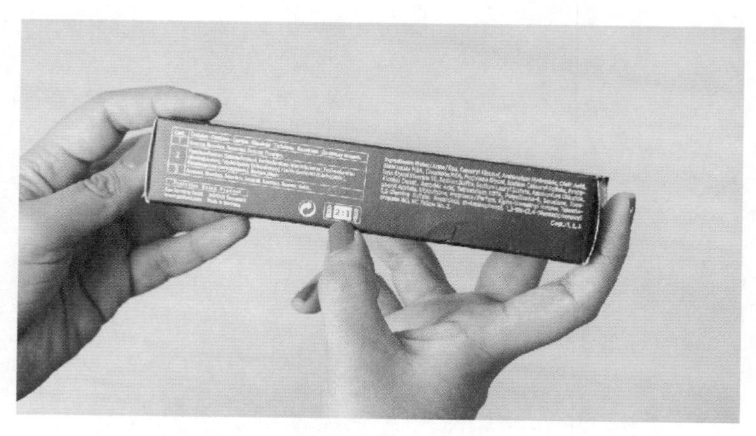

阅读产品说明

课后拓展

美发店安全隐患及成因

安全隐患	产生的原因
化学品烧伤	烫发水、染膏的洒溅
产品损坏衣物	防护工作没有做好
皮肤灼伤	电卷棒、烫发卷杠、吹风机使用时离皮肤太近
烫伤	沸水或水蒸气烧到皮肤
过敏	未做皮试造成过敏
皮肤切口	剪刀、剃刀、碎玻璃的划伤
感染	对伤口没有进行特殊处理
摔倒	地滑（洗发液洒在地上、洗头床漏水）或地上有障碍物
电击	电路故障、电器遇水
中毒	饮用未贴或贴错标签容器中的液体
火灾	吸烟、美发化学品中易燃物品的不当处理

课题 3
世界技能大赛美发项目健康与安全规则

情境导入

为培养学生参加第 46 届世界技能大赛全国选拔赛，某技师学院美发与形象设计专业美发教师需对世赛美发项目健康与安全规则进行解析，以提高学生对美发项目健康与安全规则的认识。

想一想： 世界技能大赛美发项目健康与安全规则有哪些？

世界技能大赛中国队 LOGO

TEST PROJECT - HAIRDRESSING

WSC2017_TP29_pre_EN

Submitted by:
All Experts present at WSC2013

美发专业考核计划

WorldSkills International Secretariat
Keizersgracht 62-64, 1015 CS Amsterdam, The Netherlands
www.worldskills.org, Tel: +31 23 5311071, Fax: +31 23 5310816

WSC2017

世界技能大赛美发项目技术文件

任务描述

列举出 6 条世界技能大赛美发项目中的健康与安全规则。

任务分析

学生通过完成此任务，能够正确认识世界技能大赛美发项目中的健康与安全规则，并识别违规操作。

任务准备

美发用具、产品、仪器，美发实训室。

任务实施与评价

1. 利用网络自主查询世界技能大赛美发项目技术文件，列举出6件美发项目健康与安全违规事件。

2. 图片展示6件美发项目健康与安全违规事件，要求图片正确、完整、全面。

3. 学生分组讨论出6件美发项目健康与安全事件的正确处理方法。

4. 在实训室独立完成6件美发项目健康与安全操作方法。

5. 进行小组自评、他评及教师评价。

任务评价表

评价内容	自评 （优、良、差）	他评 （优、良、差）	教师评价 （优、良、差）	综合结果
1. 是否列举出6件美发项目健康与安全违规事件				
2. 是否独立并正确地完成6件美发项目健康与安全操作方法				
3. 学习态度是否积极				
4. 小组是否有效协作，讨论出6件美发项目健康与安全事件的正确处理方法				

知识链接

世界技能大赛美发项目健康与安全规则

世界技能大赛各技能项目均有各自的标准规范，从知识、理解、技能与能力等角度对技术和职业表现的国际最高要求进行了阐释。美发项目从健康与安全、工作组织与管理、交流与顾客关怀、剪发、染色、造型、化学改造、特殊头发处理、摄影、展览与营销等方面进行测评，其中健康与安全贯穿整个操作过程，具体内容包括：

1. 吹风机不能离头皮太近，避免烫伤顾客（在头模上操作时同样如此）。

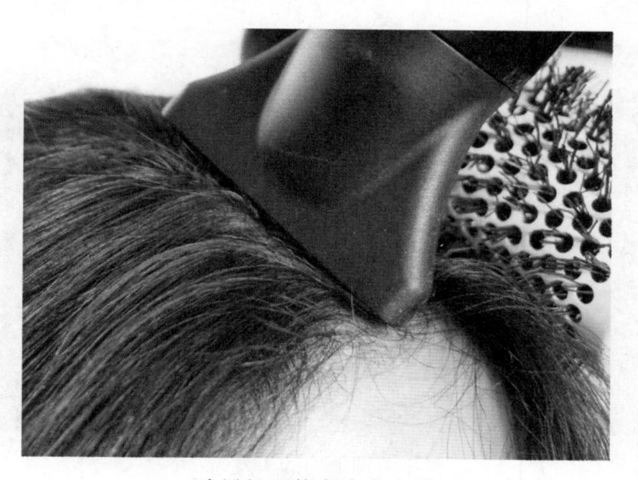

吹风机不能离头皮太近

2. 加热电器未使用时，要摆放整齐，并把电线缠绕整齐。使用工具车时，工具车内物品需摆放整齐。

3. 在操作过程中应及时清理发梳和地面上的头发。在修剪完头发后，需清扫完地面后方可使用吹风机吹风。

4. 操作过程中需合理使用剪刀，在给头发分区时剪刀刀口不能张开，避免划伤自身和顾客。

加热电器摆放整齐，电线缠绕整齐

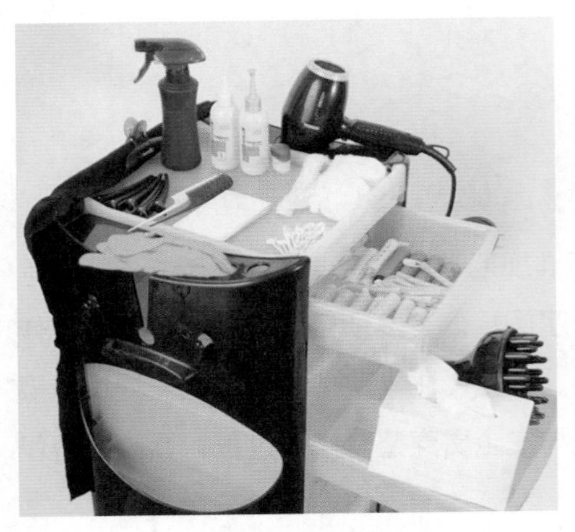

工具车干净整洁

清理发梳

清理地面的头发

在给头发分区时剪刀不能张开

5. 剪刀、削刀等尖锐工具未使用时应当妥善存放，不得张开随意摆放。要用专用容器回收刀片等尖锐物品。

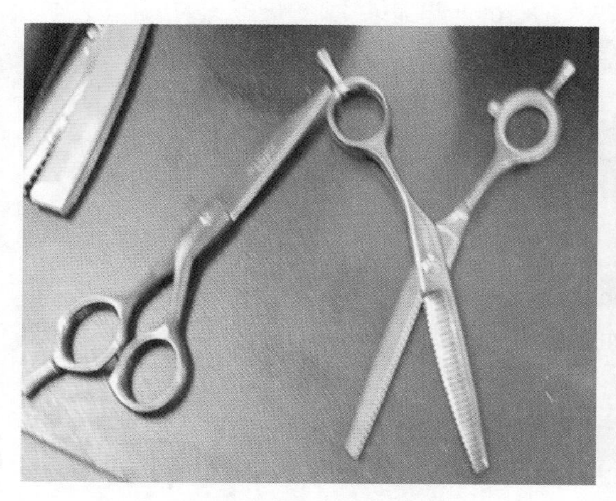

剪刀闲置时不得张开随意摆放

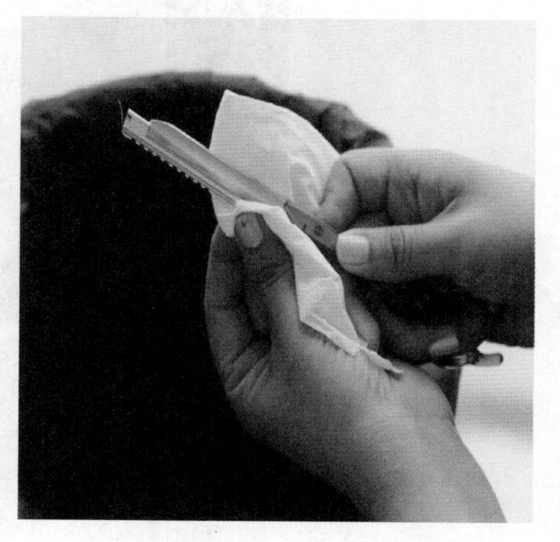

用专用容器回收刀片等尖锐物品

6. 如在操作过程中受伤，应立即停止操作，并及时处理伤口。

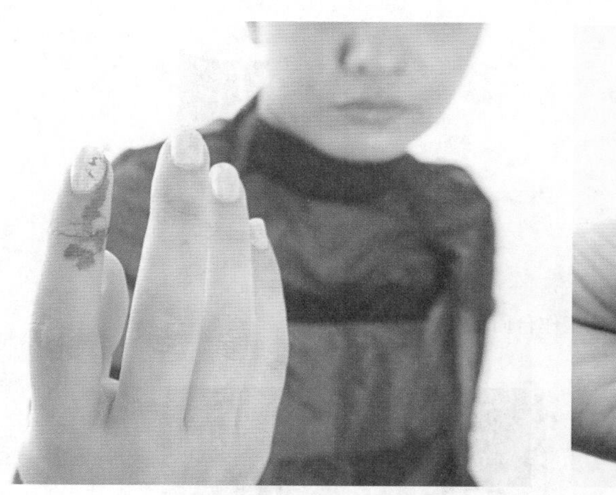

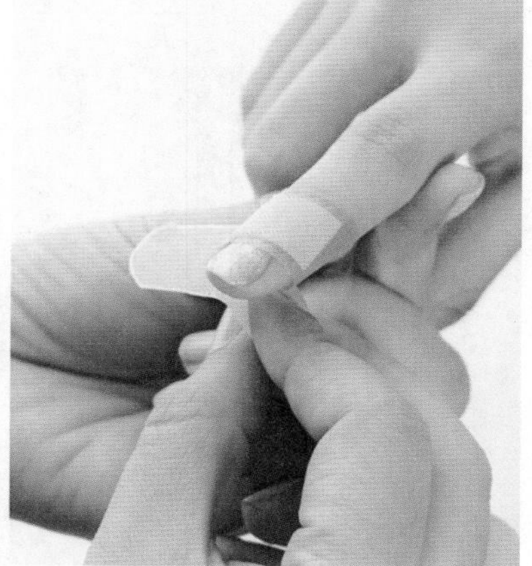

操作过程中受伤后应及时处理伤口

7. 不能在地面上进行操作，注意随时保持工作台的整洁。

8. 操作过程中不得奔跑，对待头模像对待真人顾客一样，不能在真人或者头模上使用尖锐物品。

9. 为顾客调节座椅高低时，应用整个脚掌，而不是脚尖，确保顾客坐姿舒适。

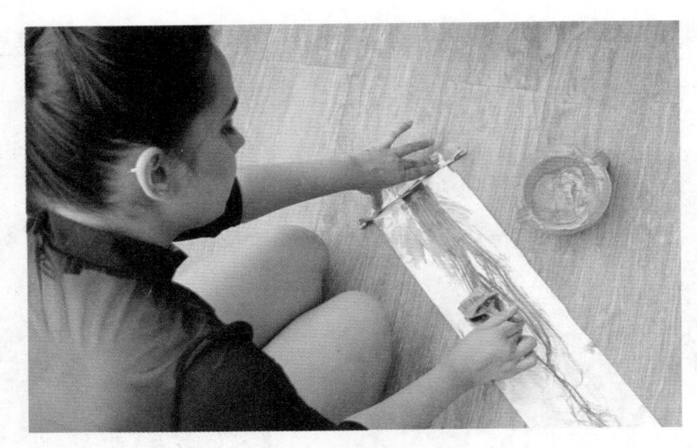

不能在地面上操作

工作台面保持整洁

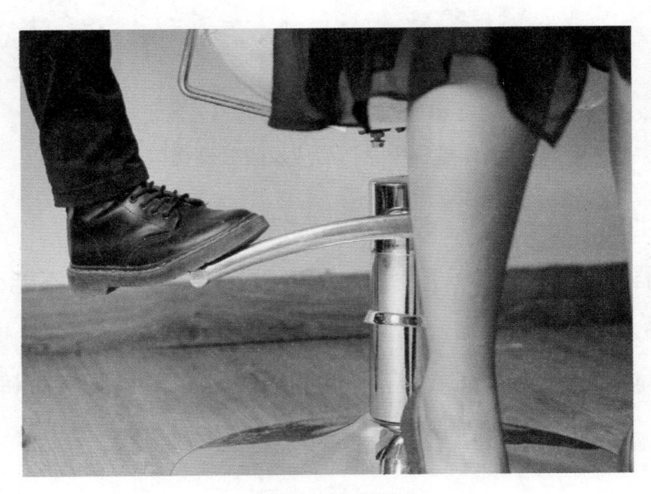

调节座椅高低

10. 操作前应给顾客做好防护，围好毛巾、围布。使用造型产品时为顾客遮挡面部，避免喷溅到顾客面部。

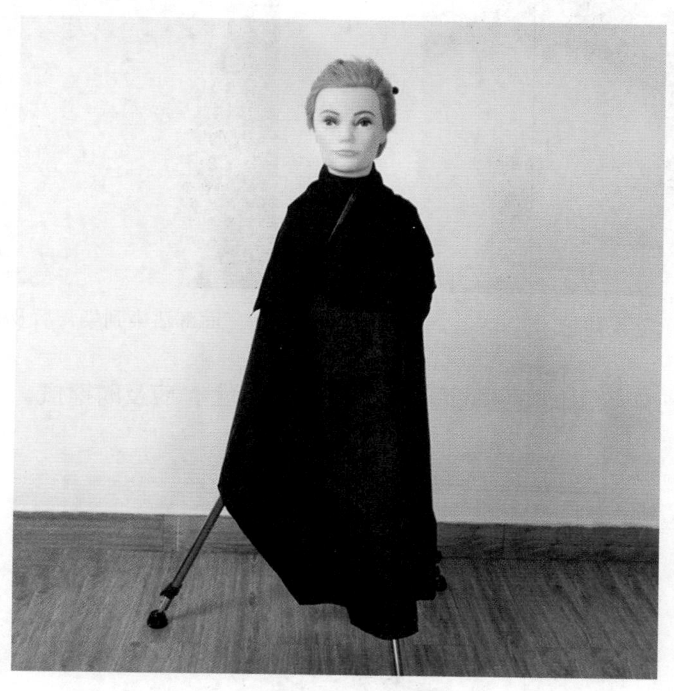

为顾客做好防护

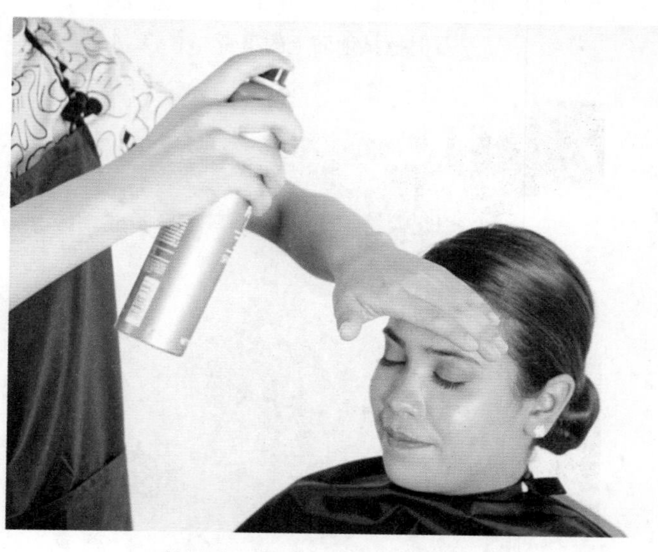

使用造型产品时为顾客遮挡面部

11. 染发前为顾客涂抹防护油，染膏沾染到顾客面部时应及时擦拭。

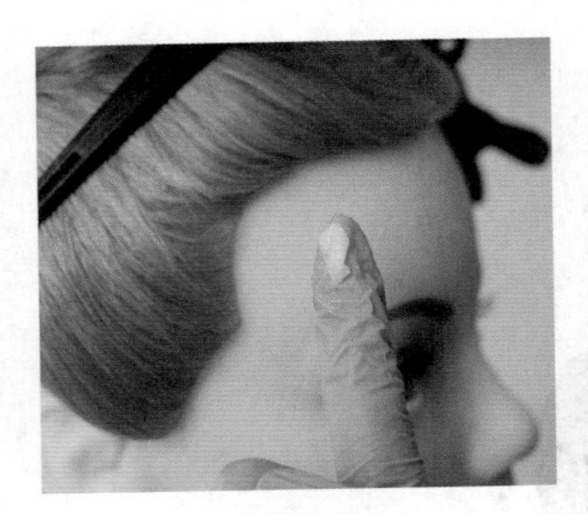

染发防护

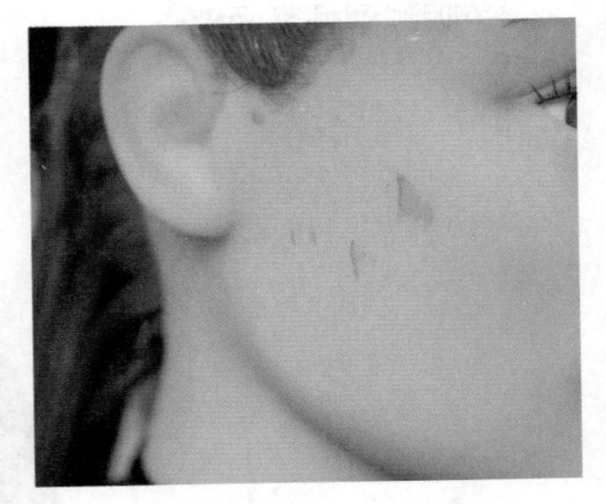

面部沾染到染膏后及时擦拭

12. 染发时如染膏掉落到地面或沾染到染膏瓶上，应及时擦拭。

及时擦拭地面上的染膏

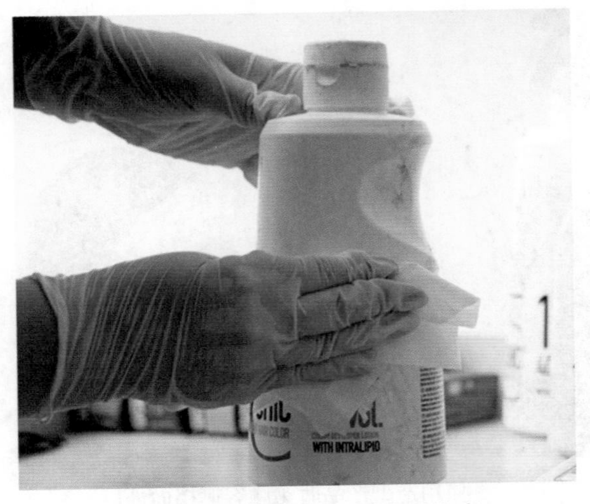

及时擦拭产品外包装上沾染的染膏

13. 为顾客染发前应做好自身防护，穿戴围裙、手套、眼罩等，并准备好染发推车。

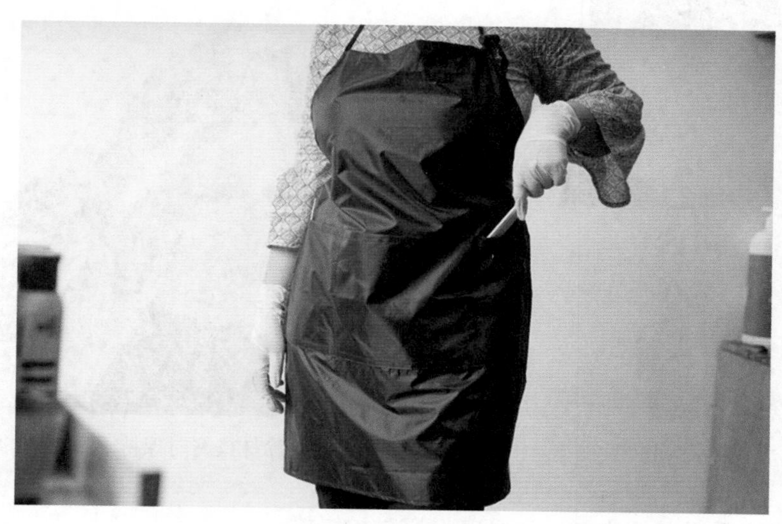

染发前做好自身防护

准备染发推车

14. 染发时使用专用染发夹，在操作过程中保持干净整洁的环境。

使用专业染发夹

涂抹染膏时保持干净整洁的环境

15. 烫发前准备好推车，为顾客做好防护措施。

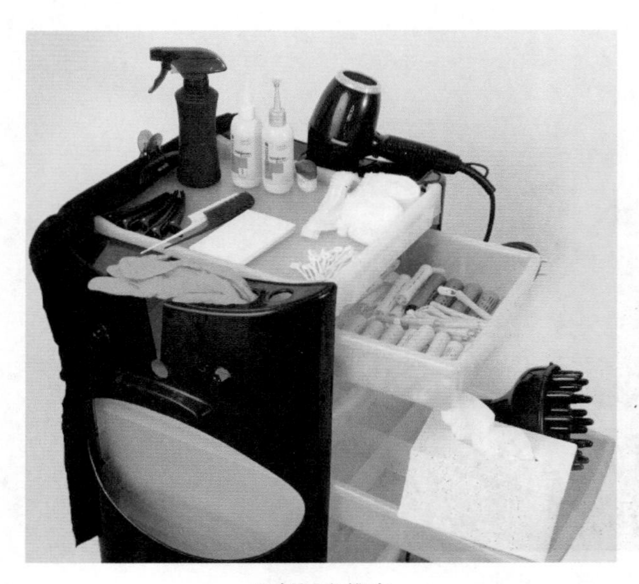

准备烫发推车

为顾客做好防护措施

16. 上烫发药水前应为顾客涂抹皮肤防护油，并在顾客发根处围好棉条。

烫前防护

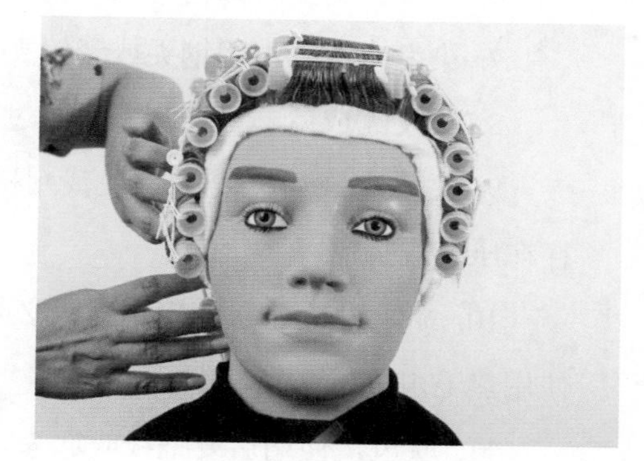
围棉条

17. 上烫发药水时，美发师应做好自身防护，穿戴围裙、手套，并为顾客戴好肩托。

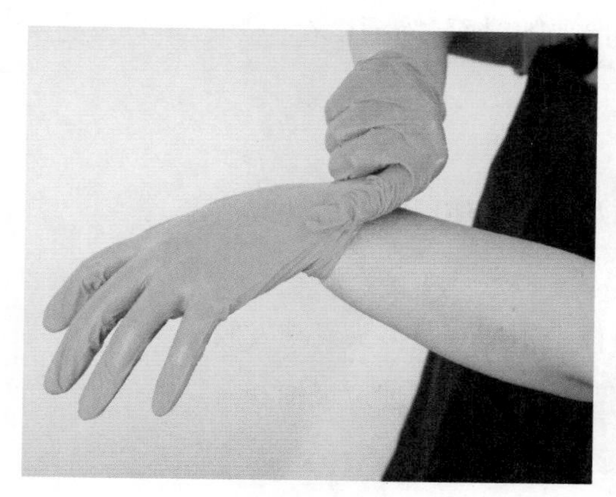
自身防护

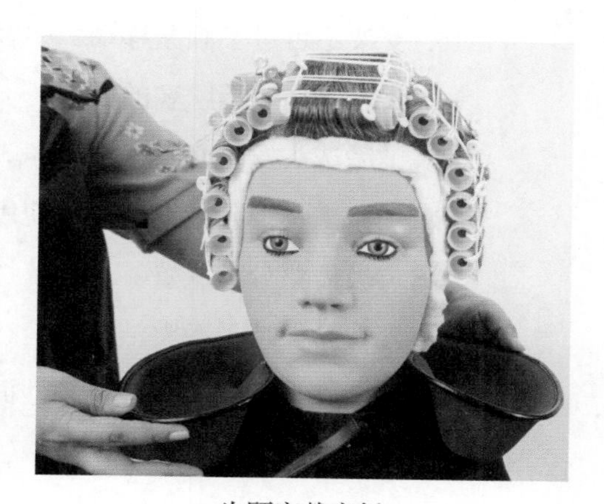
为顾客戴肩托

课后拓展

世界技能大赛美发项目健康与安全规范其他注意事项

1. 组委会所提供的产品和物品都不得带入赛场。
2. 选手只需要带自己的操作工具，一些自制的工具不允许带入赛场。
3. 比赛时不得穿裙装和凉鞋，要穿长裤和运动鞋。
4. 烫发卷杠必须在规定时间内清洗干净。
5. 清扫碎发时要用专业清扫刷子，不允许用毛巾。

6. 烫发、染发时都不可以使用钢针尖尾梳。

7. 染发时不可以用钢夹或者铝夹，只可以使用专业染发塑料夹。

8. 染发完成后碗里染膏不得超过 10 克，如超出 10 克将进行扣分处理。

9. 烫发完成后需要举手让裁判检查头发的卷曲度，以及发根、发尾是否存在压痕或折痕。

10. 胡须设计如需使用剃刀，必须使用剃须泡沫。使用后必须清洗干净或使用热毛巾擦拭干净。

11. 吹风机使用后要把线收起来。

12. 头模在支架前后左右的摆动幅度不得超过 45 度。

13. 操作时不得站在模特的正前区，只能站在两侧或后区操作。

14. 在梳理头发时力度适中。

15. 支架不可过于频繁移动，顾客的脸要随时面对镜子。

16. 头发不能遮挡顾客的面部。

17. 染后洗头发时必须冲洗干净。

18. 任何工具掉到地上都不得使用，如需继续使用应先清洗或消毒。

19. 垃圾需要分类放置。

20. 模特要保持干净整洁，脸上、身体上不能有过多头发与发胶。

21. 整理好自己的工具，打扫地面的卫生，及时清理垃圾桶。

模块四

初识美发工具及用品

学习目标

认识美发工具，掌握美发工具的使用方法及保养技巧

认识美发仪器和设备，掌握美发仪器和设备的使用技巧

认识美发用品，掌握美发用品的功效及特点

课题1
美发工具

情境导入

美发助理需在美发师操作过程中为其递取工具，这是美发助理重要的岗位职责之一，为此，美发助理需要识别所有美发工具。

想一想： 美发师在操作过程中需要使用哪些工具呢？

任务描述

收集美发师操作过程中使用的工具图片，不少于10张，一张图片一类工具，并进行标注。

任务分析

学生通过完成此任务，能够熟知美发师在操作过程中需要使用的工具。

任务准备

剪、烫、染、推等各种工具图片。

任务实施与评价

1. 利用网络自主查找并收集美发工具图片及名称。
2. 展示收集的美发工具图片，要求收集的图片清晰、完整、全面。

3. 学生分组讲述自己收集的工具图片，要求准确复述各工具的名称、用途及特征。

4. 小组进行自评、他评及教师评价。

任务评价表

评价内容	自评（优、良、差）	他评（优、良、差）	教师评价（优、良、差）	综合结果
1. 工具图片收集是否清晰、完整、全面				
2. 是否能独立复述不同工具的名称、用途及特征				
3. 学习态度是否积极				
4. 小组是否有效协作				

知识链接

常用美发工具

1. 修剪工具

（1）梳子

1）剪发梳。剪发梳是配合剪刀或电推剪使用的梳子，分为女发梳和男发梳两种。

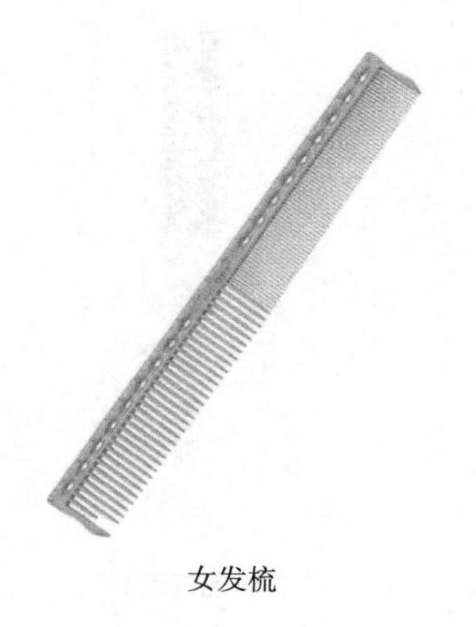

女发梳

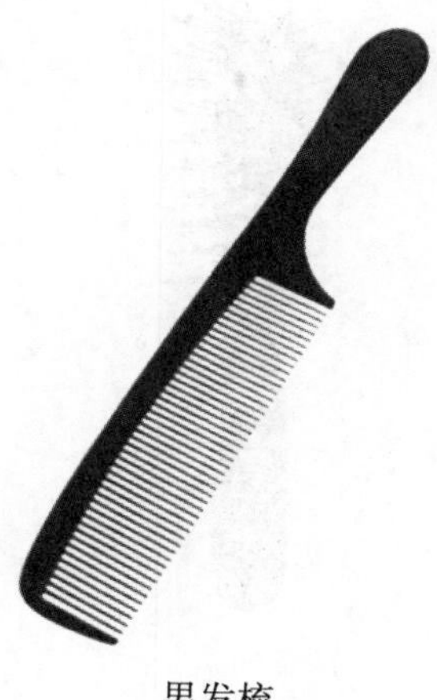

男发梳

2）铁皮滚梳。铁皮滚梳为滚筒状，中间为铁皮材质，有许多梳针气孔，主要功能是吹卷、吹顺头发，使头发更有光泽度。梳子的末端可取出，反向插入便成尖头状，可以用于头发分缝。

3）九行梳。九行梳梳齿共有九行，所以称九行梳，它的主要功能是吹顺头发或者吹蓬发根。

铁皮滚梳

九行梳

4）排骨梳。排骨梳大多用于短发或男发，主要功能是吹蓬发根，使发根站立起来。

5）毛滚梳。毛滚梳的梳齿密度较大，可以梳落头发上的灰尘。毛滚梳的种类很多，尺寸的大小、梳毛的材质、梳毛的长短各有不同。毛滚梳的主要功能是吹风时，让头发更加顺直、有光泽。

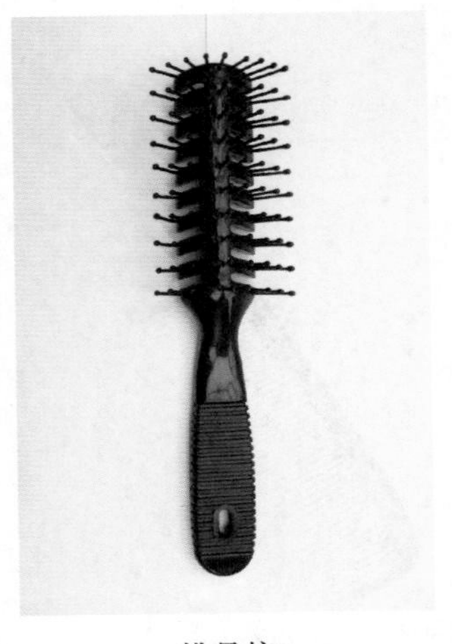

排骨梳

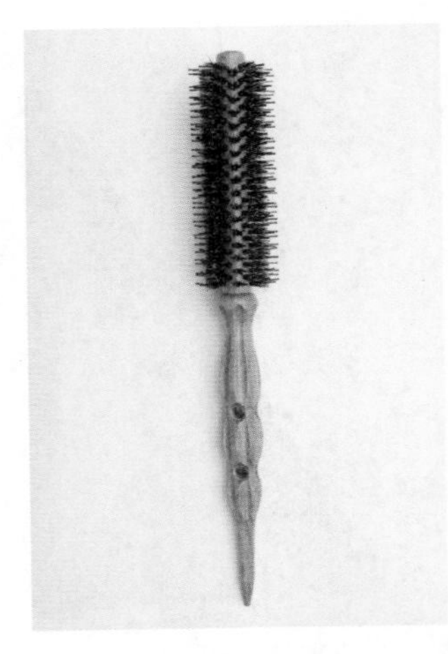

毛滚梳

6）普通滚梳。普通滚梳是最常见的梳子，它的主要功能是吹卷、吹直头发，闭合毛鳞片，使头发更加有光泽度。

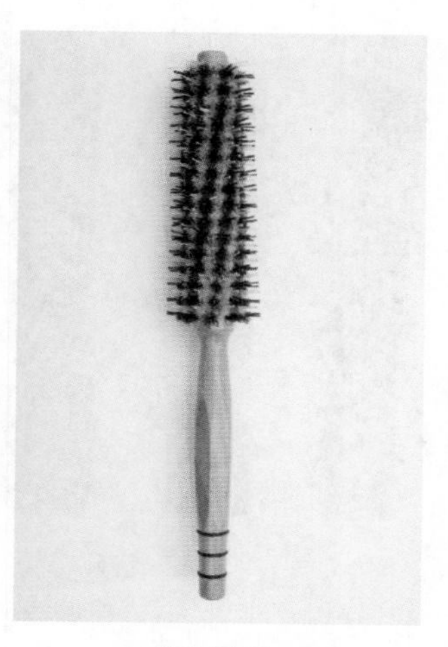
普通滚梳

（2）剪刀

常用的剪刀有直剪刀和牙剪刀两种。直剪刀用于剪断头发，用它剪断的头发边缘整齐平整；牙剪刀因刃口密布锯齿，因此剪出的头发有长有短，纹理细腻。

（3）电推剪

电推剪主要用于处理后颈和鬓角头发，可以将头发推剪整齐。

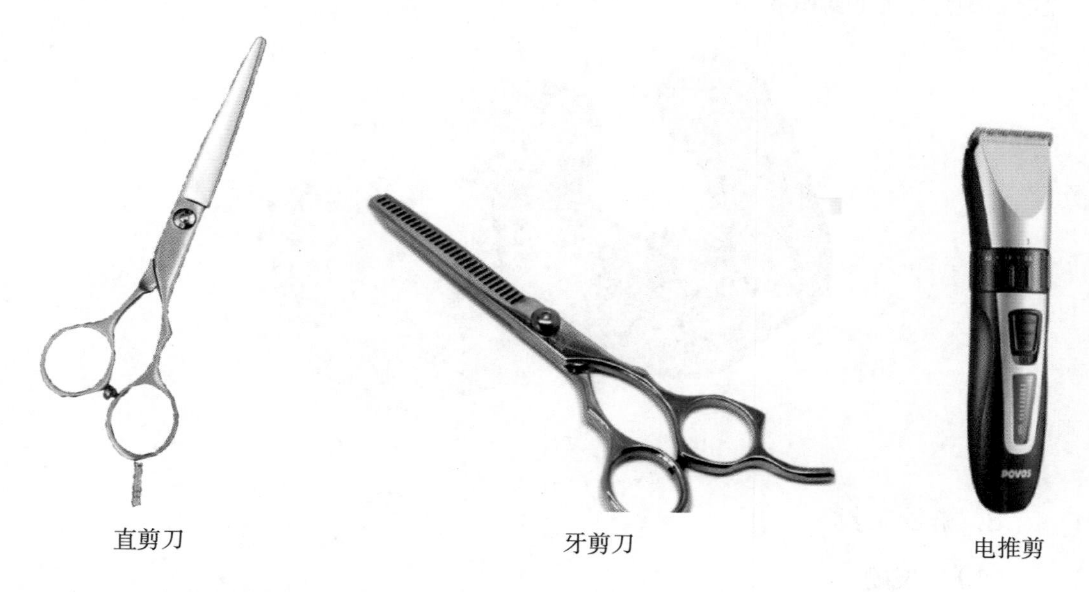
直剪刀　　牙剪刀　　电推剪

2. 烫发工具

（1）卷杠

卷杠有很多种，不同卷杠可以烫出不同卷度、不同大小、不同形状的发卷。具体操作时，根据头发长度和顾客要求，选择不同种类的卷杠。

（2）棉纸

棉纸是一种多孔性的发纸，烫发时用棉纸包住头发的末端，可以帮助头发均匀地吸收烫发药水。

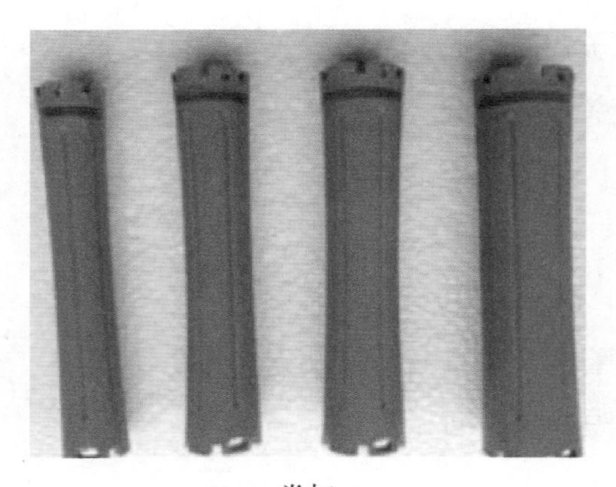

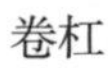
卷杠

棉纸

（3）肩托

肩托是一种凹形托盘，在使用烫发药水时将其放在顾客颈部可以防止烫发药水流落到顾客身上而弄脏衣物。

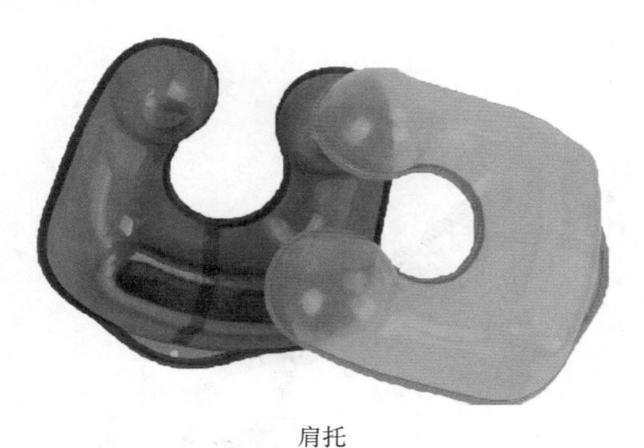

肩托

3. 染发工具

（1）染发刷

染发刷是一种集尖尾梳、发刷为一体的染发专用工具，染发操作时先用尖尾一端挑出一片头发，再用发刷一端将染发剂涂抹在发片上。

染发刷

（2）染发碗

染发碗是一种用来盛放和调配染发剂的容器，里面有刻度，方便掌握染发剂用量及调配比例。

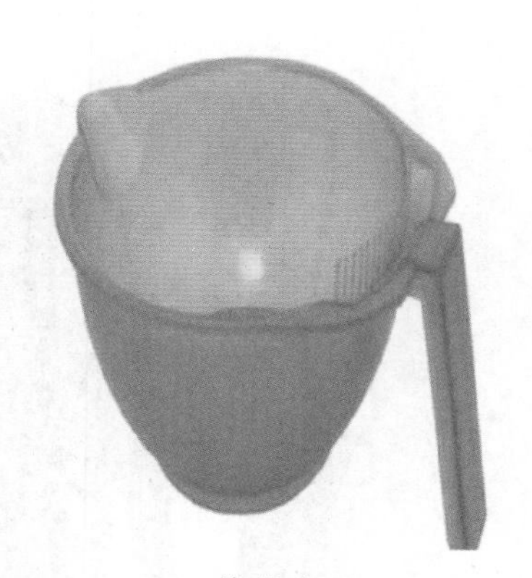
染发碗

（3）耳罩、染发披肩

耳罩用来在染发时套在顾客耳朵上，避免染发剂沾染顾客耳部。染发披肩一般使用防水材料制成，在染发时围在顾客身上，避免染发剂弄脏顾客衣物。

耳罩

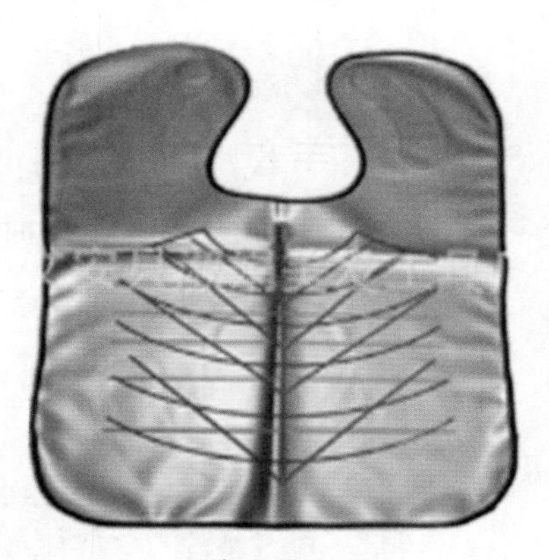
染发披肩

课后拓展

其他美发工具

1. 夹子

夹子是用来暂时固定头发的一种工具，其种类很多，可以根据使用目的及头发长度进行选择。

2. 喷壶

美发操作通常需要在湿发状态下进行，用喷壶可以随时将头发喷湿，方便操作。

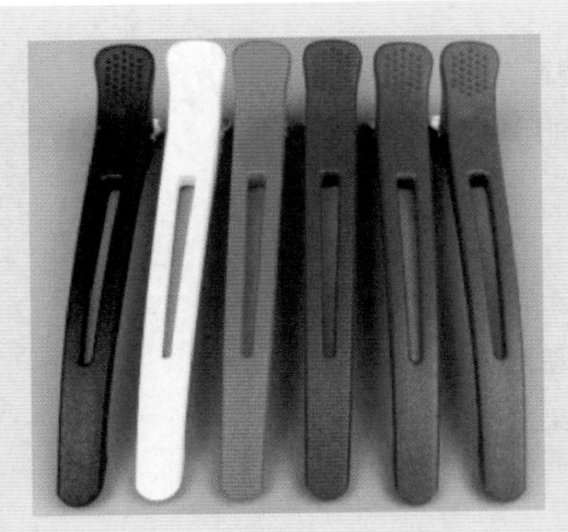

夹子

喷壶

3. 手套

手套是美发师在染发时使用的工具，以避免手部直接接触药剂而产生过敏反应。手套分为橡胶手套和一次性塑料手套两种。

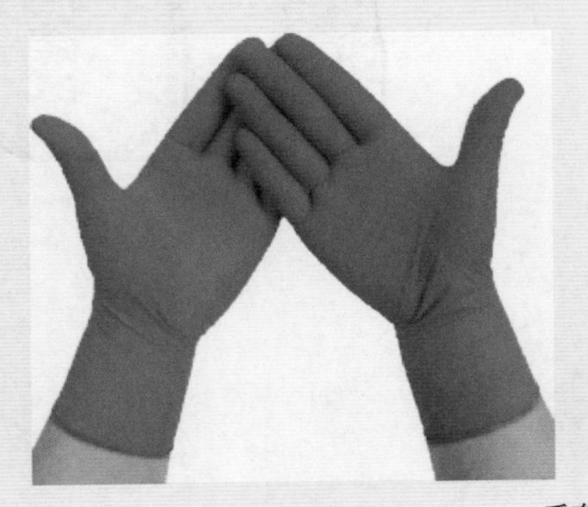

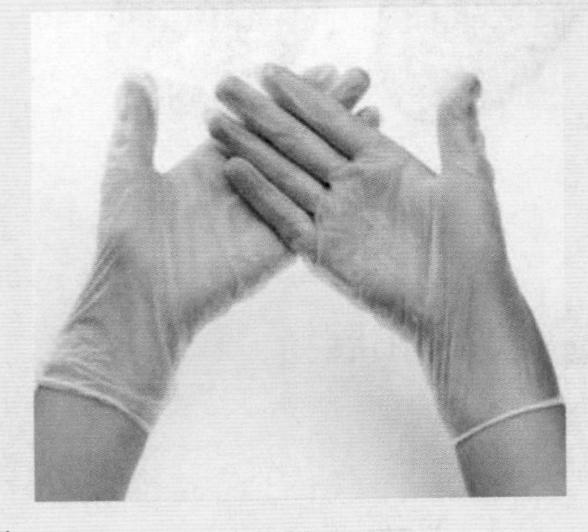

手套

课题 2
美发用品

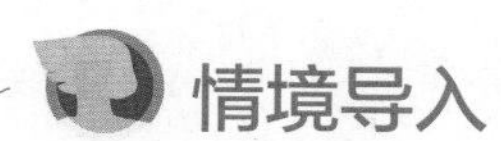

情境导入

美发用品贯穿于整个美发服务中，是美发师非常重要的“伙伴”，因此美发师必须认识美发产品并掌握它们的用途。

想一想：美发服务过程中通常需要用到哪些美发用品呢?

任务描述

收集美发服务过程中需要用到的美发用品图片，不少于10张，并进行标注。

任务分析

学生通过完成此任务，能够熟知美发服务过程中需要用到的美发用品。

任务准备

各种美发用品图片。

任务实施与评价

1. 利用网络自主查找并收集美发用品图片。
2. 展示收集的美发用品图片，要求收集的图片清晰、完整、全面。

3. 学生分组讲述自己收集的美发用品图片的名称及用途。

4. 进行小组自评、他评及教师评价。

任务评价表

评价内容	自评（优、良、差）	他评（优、良、差）	教师评价（优、良、差）	综合结果
1. 收集的美发用品图片是否清晰、完整、全面				
2. 是否能正确讲述美发用品的名称和用途				
3. 学习态度是否积极				
4. 小组是否有效协作				

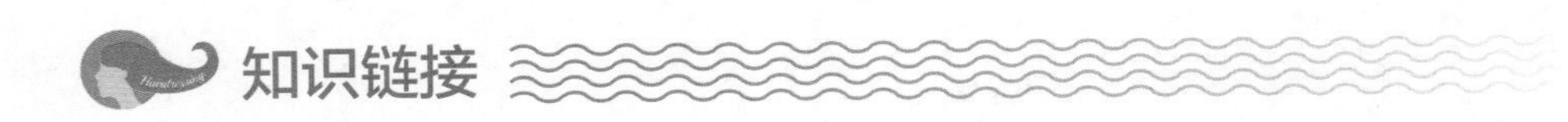

知识链接

常用美发用品

1. 洗发用品

洗发液和护发素是现代主要的洗发用品，其作用是清洁头发、养发和护发。最理想的洗发液应该具有泡沫丰富、去污力强、易于冲洗、无刺激的特点。在护发素的作用下，洗后头发应有光泽而不产生静电，柔软易打理。

洗发液的主要成分是洗涤剂、添加剂和助洗剂。洗涤剂为洗发液提供了良好的去污力和丰富的泡沫。添加剂有很多种，如增稠剂、抗头屑剂、调理剂、滋润剂以及香料、色素等，它们给予了洗发液各种不同的附加功能。助洗剂增强了洗发液的去污力和泡沫的稳定性，改善了洗发液的洗涤性能。

护发素的主要成分是蛋白质、水、油脂和天然营养物等。洗发后，将头发上的洗发液冲净，再将护发素涂在发梢揉搓1~2分钟，在头发充分吸收营养和水分之后，用清水冲洗，使头发表面形成一层保护膜，增加头发的水分和油脂。

2. 烫发用品

烫发用品主要指冷烫剂和定型液。

洗发用品

（1）冷烫剂

冷烫剂由两剂构成，第一剂为冷烫精，主要起分解作用；第二剂为中和剂，主要起重组固定作用。冷烫剂一般分为酸性、微碱性和碱性 3 种。酸性冷烫剂主要成分是碳酸铵，对头发起保护作用，pH 值在 6 以下，接近头发正常 pH 值。微碱性冷烫剂主要成分是碳酸氢铵，pH 值在 7～8，属于普通冷烫精，适合一般发质，应用较广。碱性冷烫剂主要成分是硫化乙醇酸，pH 值在 9 以上，适合于较粗硬或未经烫染处理过的“生发”。

无论哪一类冷烫剂，其烫发原理都是相同的。因为任何一种卷发都意味着毛发的自由膨胀，这是使直发变卷的先决条件。而毛发的膨胀源于外部给予的化学和物理作用，即冷烫剂和卷杠所起的作用，使头发的张力部分解除，达到头发皮质层的软化，以使直发变得卷曲。

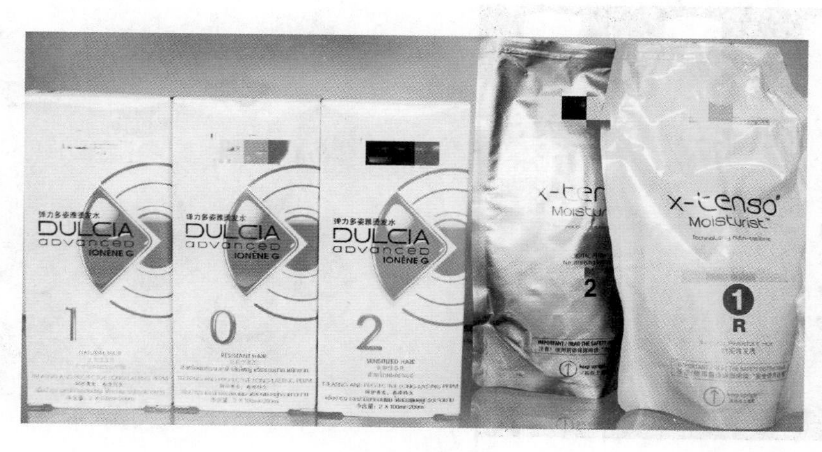

冷烫剂

（2）定型液

定型液能使头发的角质蛋白结构变硬，从而固定其形状。

3. 染发用品

（1）双氧乳

双氧乳的主要成分是过氧化氢，通常要与漂浅剂或者染发剂一起使用，作用是打开头发毛鳞片，让漂浅剂或者染发剂成分渗入毛发内部，使头发显色。双氧乳浓度包括 3%、6%、9%、12% 和 15%，度数越高表示里面所含过氧化氢的浓度越高，使用时将它与漂浅剂或染发剂按照一定的比例混合，涂抹在头发上。

（2）漂浅剂

漂浅剂需要与双氧乳一起使用，将漂浅剂与双氧乳按一定比例调配成黏稠状，然后涂抹在头发上，与头发发生化学反应，减弱并分散自然色素与人造色素，使原有的发色变浅。

（3）染发剂

染发剂按滞留在头发上的牢固程度和操作技法可以分为暂时性染发剂、半永久性染发剂和永久性染发剂 3 种。暂时性染发剂分子较大，可以覆盖头发的表皮层，洗 2~3 次就会褪掉颜色，使用时直接喷在头发上即可。半永久性染发剂的色素颗粒可以穿透头发的表皮层进入皮质层，但是每洗一次头发都会掉一些颜色，适合在较浅的头发上使用。永久性染发剂的色素颗粒可以通过头发的表皮层进入皮质层，在发生膨胀后留在皮质层里面，从而达到长久改变头发颜色的目的。

双氧乳

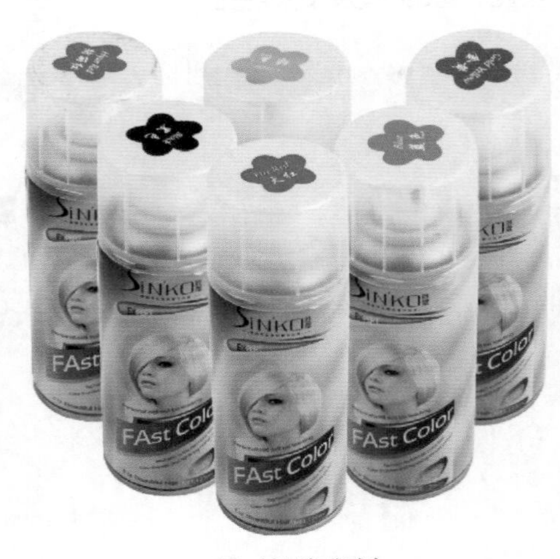

暂时性染发剂

半永久性染发剂

永久性染发剂

4. 美发、固发用品

近年来，随着技术的进步，美发、固发用品越来越多，常用的有以下几种：

（1）发蜡

发蜡为膏状，有一定黏度，油性较大，色泽不一，具有芬芳香味，适用于头发造型，也能使头发油滑。

（2）摩丝

摩丝呈白色泡沫状，有芬芳香味，能帮助头发显示湿度和亮度，用于局部造型，起固发作用。

（3）啫喱

啫喱为透明膏状，用于局部造型，起固发作用。

（4）发胶

发胶种类较多，有无色的、单色的、彩色的，硬度不一，起固发作用，便于局部造型。

发蜡

摩丝

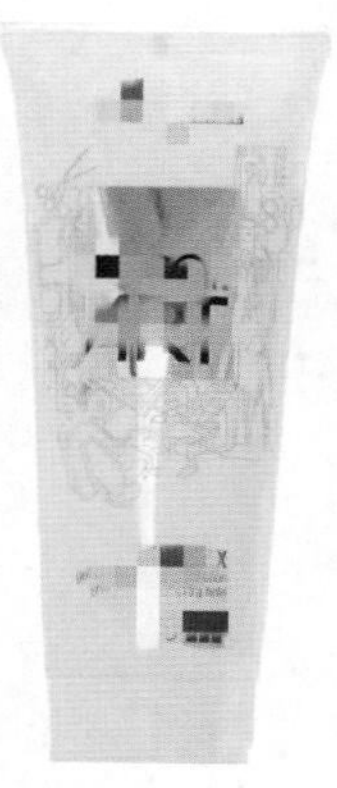
啫喱

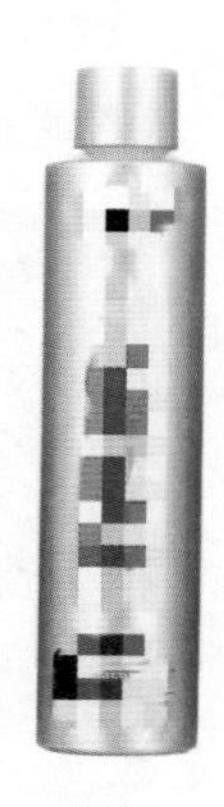
发胶

护发精油的使用

目前，除了常见的美发、固发用品外，护发精油的使用也越来越普及。护发精油中含有大量的植物精华，能有助于修复头发的角质层和毛鳞片，从而达到改善头发发质、保持头发柔顺光滑的作用，通常护发精油中还含有脂肪及生理活性成分，这些物质属于天然抗氧化活性成分，能发挥清除自由基的生理作用，从而提高头发的强韧性，改善脱发和掉发问题。使用时，可以将精油加入护发素中使用，也可以将头发吹至八成干后，用精油涂抹发中和发梢，修复受损的头发，使头发恢复光泽。

课题 3
美发仪器和设备

情境导入

美发仪器和设备在美发服务中起到事半功倍的重要作用，无论是美发助理还是美发师，都必须认识和了解各种美发仪器和设备。

想一想： 美发师在操作过程中需要用到哪些美发仪器和设备呢？

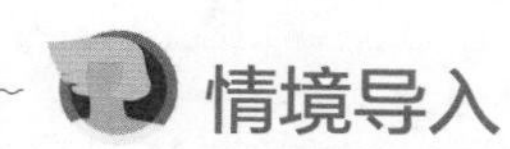

任务描述

收集 5 张美发师在操作过程中需要用到的仪器和设备图片。

任务分析

学生通过完成此任务，能够认识和了解美发师在操作过程中需要用到的仪器和设备。

任务准备

美发仪器和设备图片。

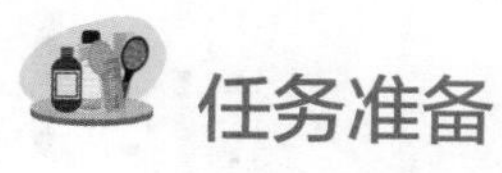

任务实施与评价

1. 利用网络自主查找并收集美发仪器和设备图片。
2. 展示收集的美发仪器和设备图片，要求收集的图片清晰、完整、全面。

3. 小组相互监督，在实训室独立使用各类美发仪器和设备。

4. 进行小组自评、他评及教师评价。

任务评价表

评价内容	自评 （优、良、差）	他评 （优、良、差）	教师评价 （优、良、差）	综合结果
1. 收集的美发仪器和设备的图片是否清晰、完整、全面				
2. 是否能独立使用各类美发仪器和设备				
3. 学习态度是否积极				
4. 小组是否有效协作				

知识链接

常用美发仪器和设备

1. 吹风机

（1）扩散型吹风机

扩散型吹风机风嘴呈向外扩张的形状，风力大，可调节冷、热风，适合吹干刚洗完的头发，让头发能够更长时间保持丰盈、弹性、饱满的质感。

（2）造型吹风机

造型吹风机为闭合型风嘴，能够聚集风力，但吹风温度偏高、风力偏小，更适合造型使用。

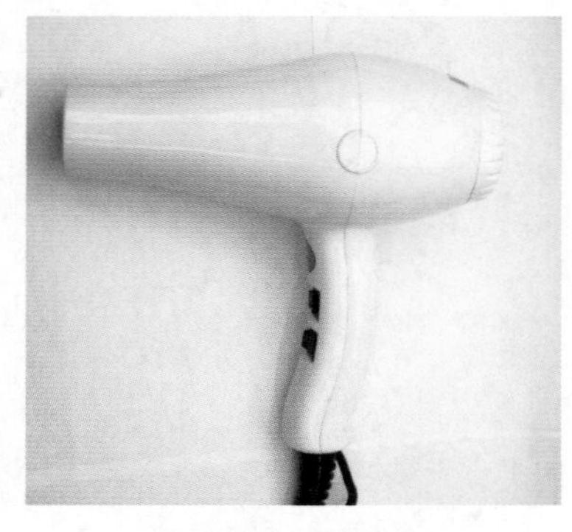

扩散型吹风机

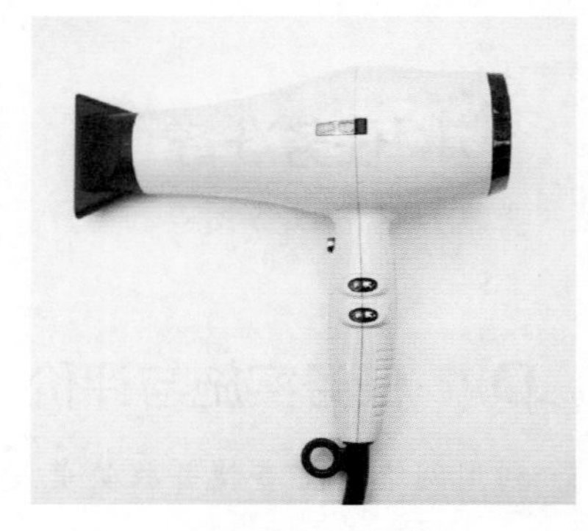

造型吹风机

（3）负离子型吹风机

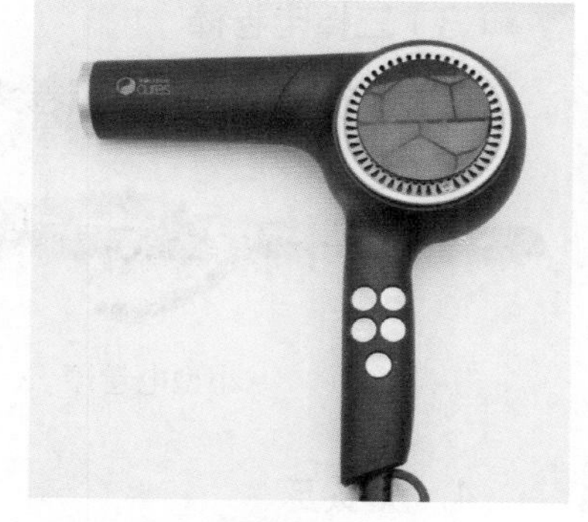
负离子型吹风机

负离子型吹风机在工作时能够产生带负电的离子微粒，中和头发中常有的正电荷，从而平服乱发，使其贴服顺滑，还可以消除静电、收紧毛鳞片，从而减少头发水分和营养的流失，有很好的保养功能，适合比较干枯的发质。

2. 直发器

（1）直发夹板

直发夹板为负离子直发器，适合毛躁头发，能够使头发变得顺直。

（2）玉米须夹板

玉米须夹板内部为锯齿状，能够使头发曲折蓬松，在视觉上可增加发量，适合头发服帖、细软、量少者使用。

直发夹板

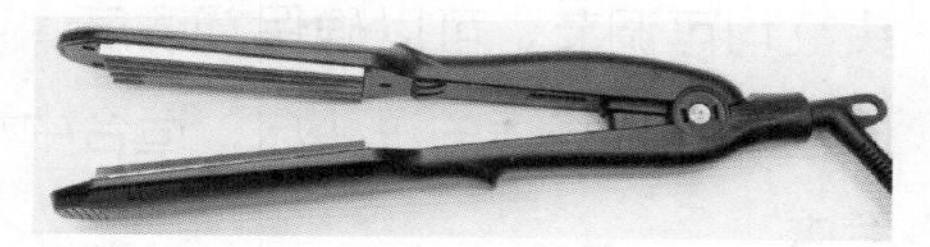
玉米须夹板

（3）刘海小夹板

刘海小夹板体积较小，用于发量较少处，如刘海、鬓角、发际线等，可以更接近头皮做细微处理。

3. 电卷棒

（1）普通电卷棒

普通电卷棒较为常见，可使用多种技巧对头发进行造型，使头发卷曲，长、短发都可以使用。

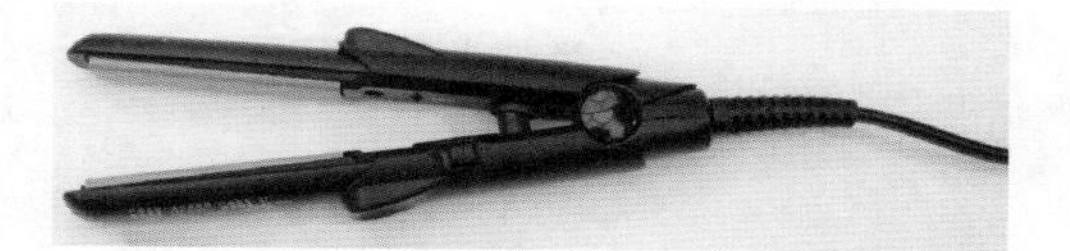
刘海小夹板

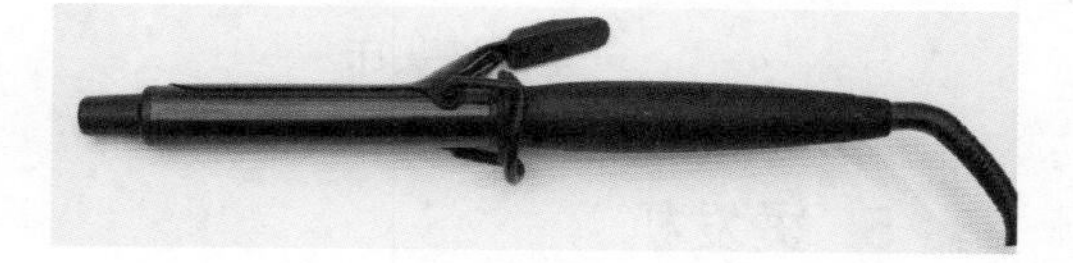
普通电卷棒

（2）小型电卷棒

小型电卷棒比普通电卷棒小，主要用于小卷造型，适合卷刘海或卷短发。

（3）三棒电卷棒

三棒电卷棒适合打造蛋卷头，可以大面积卷发，适合头发较长者使用。

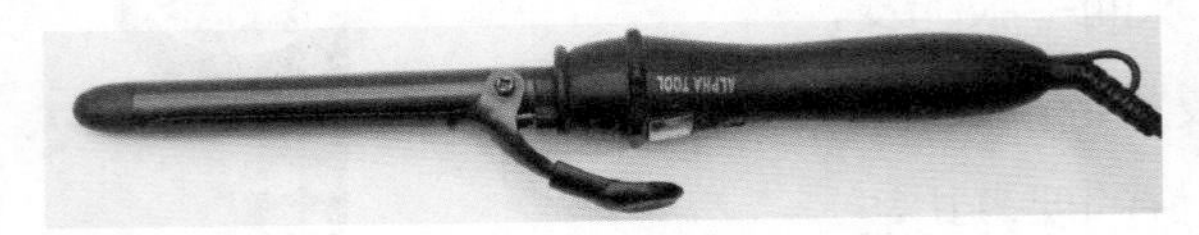
小型电卷棒

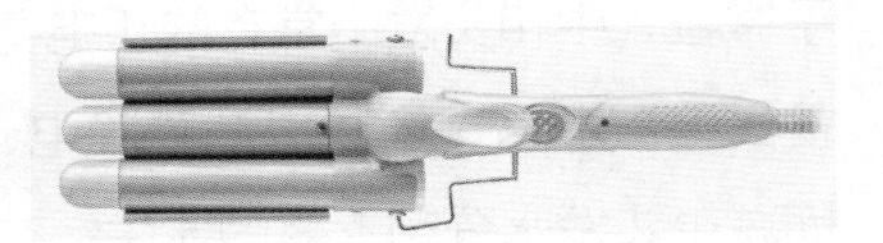
三棒电卷棒

4. 洗头床

洗头床一般可分为卧式洗头床、坐式洗头床和半躺式洗头床 3 种。卧式洗头床可以直接躺在上面，舒适度较高，但它占用的空间较大，因此适合空间较为宽敞的美发店。坐式洗头床为座椅式设计，面积小，节省空间，座椅和洗头缸均可调节，可以确保舒适度。半躺式洗头床也是一款舒适的洗头床，适合中小规模的美发店。

卧式洗头床

坐式洗头床

半躺式洗头床

5. 烫发机

烫发机在烫发时用于给卷杠加热，使用时将烫发机的挂钩勾住卷杠，使卷杠远离头皮。

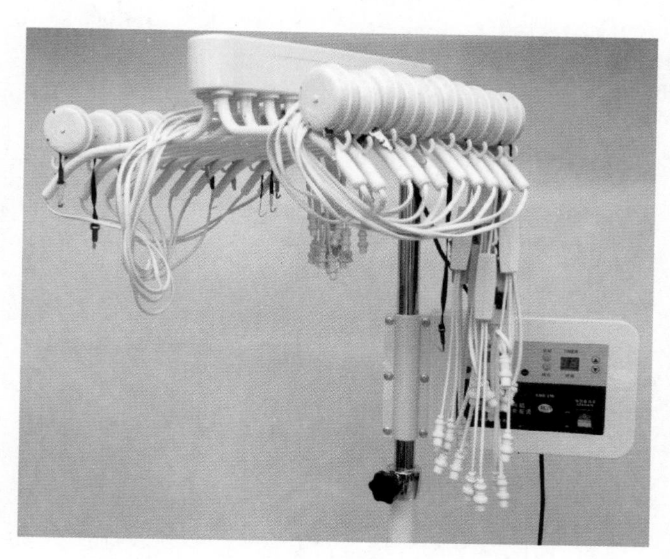

烫发机

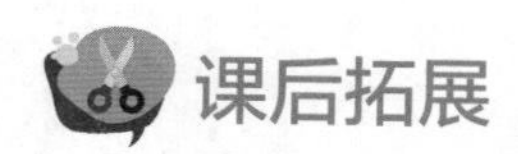

课后拓展

美发仪器和设备的维护与保养

1. 使用任何一种仪器或设备之前，都需要认真阅读使用说明书，熟悉其作用及功能。

2. 使用时要注意用电安全，需要加热的仪器或设备不要烫伤自己与他人。

3. 仪器和设备使用完毕，要及时断电，否则容易引起火灾事故。

4. 仪器和设备使用完毕，要及时归位，定期用干抹布进行表面清洁。

5. 依照说明书、保修卡定期对仪器和设备进行检修。

附录 1

美发师国家职业技能标准（2018）

美发师
国家职业技能标准
（2018 年版）

1. 职业概况

1.1　职业名称

美发师

1.2　职业编码

4-10-03-02

1.3　职业定义

使用美发工具，设计、修剪、制作顾客发型的人员。

1.4　职业技能等级

本职业共设五个等级，分别为：五级 / 初级工、四级 / 中级工、三级 / 高级工、二级 / 技师、一级 / 高级技师。

1.5　职业环境条件

室内、常温。

1.6　职业能力特征

具有一定的学习和计算能力；具有一定的表达能力；具有一定的色觉、空间感和形体知觉；手指、手臂灵活，动作协调。

1.7 普通受教育程度

初中毕业（或相当文化程度）。

1.8 职业技能鉴定要求

1.8.1 申报条件

具备以下条件之一者，可申报五级 / 初级工：

（1）累计从事本职业工作 1 年（含）以上。

（2）本职业学徒期满。

具备以下条件之一者，可申报四级 / 中级工：

（1）取得本职业五级 / 初级工职业资格证书（技能等级证书）后，累计从事本职业工作 4 年（含）以上。

（2）累计从事本职业工作 6 年（含）以上。

（3）取得技工学校本专业毕业证书（含尚未取得毕业证书的在校应届毕业生）；或取得经评估论证、以中级技能为培养目标的中等及以上职业学校本专业毕业证书（含尚未取得毕业证书的在校应届毕业生）。

具备以下条件之一者，可申报三级 / 高级工：

（1）取得本职业四级 / 中级工职业资格证书（技能等级证书）后，累计从事本职业或相关职业工作 5 年（含）以上。

（2）取得本职业四级 / 中级工职业资格证书（技能等级证书），并具有高级技工学校、技师学院毕业证书（含尚未取得毕业证书的在校应届毕业生）；或取得本职业四级 / 中级工职业资格证书（技能等级证书），并具有经评估论证、以高级技能为培养目标的高等职业学校本专业毕业证书（含尚未取得毕业证书的在校应届毕业生）。

（3）具有大专及以上本专业毕业证书，并取得本职业四级 / 中级工职业资格证书（技能等级证书）后，累计从事本职业工作 2 年（含）以上。

具备以下条件之一者，可申报二级 / 技师：

（1）取得本职业三级 / 高级工职业资格证书（技能等级证书）后，累计从事本职业工作 4 年（含）以上。

（2）取得本职业三级 / 高级工职业资格证书（技能等级证书）的高级技工学校、技师学院毕业生，累计从事本职业工作 3 年（含）以上；或取得本职业预备技师证书的技师学院毕业生，累计从事本职业工作 2 年（含）以上。

具备以下条件者，可申报一级 / 高级技师：

取得本职业二级 / 技师职业资格证书（技能等级证书）后，累计从事本职业工作 4 年（含）以上。

1.8.2 鉴定方式

分为理论知识考试、技能考核以及综合评审。理论知识考试以笔试、机考等方式为主，主要考核从业人员从事本职业应掌握的基本要求和相关知识要求；技能考核主要采用现场操作、模拟操作等方式进行，主要考核从业人员从事本职业应具备的技能水平；综合评审主要针对技师和高级技师，通常采取审阅申报材料、答辩等方式进行全面评议和审查。

理论知识考试、技能考核和综合评审均实行百分制，成绩皆达 60 分（含）以上者为合格。

1.8.3 监考人员、考评人员与考生配比

理论知识考试中的监考人员与考生配比不低于 1 ：15，且每个考场不少于 2 名监考人员；技能考核中的考评人员与考生配比不低于 1 ：5，且考评人员为 3 人（含）以上单数；综合评审委员为 3 人（含）以上单数。

1.8.4 鉴定时间

理论知识考试时间不少于 90 min。技能考核时间：五级 / 初级工不少于 80 min，四级 / 中级工不少于 120 min，三级 / 高级工不少于 180 min，二级 / 技师不少于 360 min，一级 / 高级技师不少于 360 min。综合评审时间不少于 30 min。

1.8.5 鉴定场所设备

理论知识考试在标准教室进行；技能考核在具有必要的美发（修面）椅、洗头床（盆）、焗油机、烘发机等设备及相关修剪、烫发、染发、护发、吹风造型、消

毒等工具的实操场所进行。

2. 基本要求

2.1 职业道德

2.1.1 职业道德基本知识

2.1.2 职业守则

（1）爱国守法，爱岗敬业。
（2）诚信规范，安全卫生。
（3）传承弘扬，刻苦钻研。
（4）坚持匠心，精益求精。

2.2 基础知识

2.2.1 美发发展简史

（1）国内美发发展简史。
（2）国际美发发展简史。

2.2.2 服务业务管理知识

（1）美发服务接待程序和方法。
（2）美发岗位责任。
（3）服务规范要求及规章制度。
（4）公共关系基本知识。

2.2.3 美发行业卫生知识

（1）店容店貌及室内外环境卫生知识。
（2）个人卫生知识，仪表、着装有关要求。
（3）美发工具、用品消毒知识。

2.2.4 美发相关人体生理知识

（1）头部骨骼生理知识。

（2）皮肤生理知识。

（3）毛发生理知识。

（4）头发日常保养与护理知识。

2.2.5 脸型、头型、身材及发型结构知识

（1）脸型的分类和特征知识。

（2）头型、身材的分类和特征知识。

（3）发型结构知识（发式分类、发式基本结构、发型构成要素）。

2.2.6 按摩基本知识

（1）按摩对人体的一般保健作用知识。

（2）按摩用具、用品的使用方法。

（3）人体头、颈、肩的体表标志知识。

（4）人体头、颈、肩的经络、穴位名称、准确位置、穴位功效等知识。

2.2.7 美发工具、用品及电器设备知识

（1）美发工具、用品的种类、性能和用途知识。

（2）美发电器、仪器设备知识。

（3）美发工具及电器、仪器的维护保养知识。

2.2.8 美发化学用品知识

（1）洗护、造型用品的主要种类及其作用。

（2）烫发、染发用品的性能和作用。

2.2.9 色彩知识

（1）色彩构成的原理。

（2）色彩的功能。

（3）调配色彩的基本常识。

（4）颜色的选择方法。

2.2.10 发型素描基本知识

（1）发型素描的基本要领。

（2）发型素描的种类及应用。

（3）发型素描的表现手法。

（4）发型素描明暗度的基本规律。

2.2.11 发型美学基本概念

（1）发型美的本质。

（2）发型美的特征。

（3）发型美的形态风格。

（4）现代发型形式美法则的应用。

2.2.12 相关法律、法规知识

（1）《中华人民共和国劳动法》相关知识。

（2）《中华人民共和国劳动合同法》相关知识。

（3）《中华人民共和国消费者权益保护法》相关知识。

（4）《公共场所卫生管理条例》相关知识。

3. 工作要求

本标准对五级 / 初级工、四级 / 中级工、三级 / 高级工、二级 / 技师、一级 / 高级技师的技能要求和相关知识要求依次递进，高级别涵盖低级别的要求。

3.1　五级 / 初级工

职业功能	工作内容	技能要求	相关知识要求
1. 工作准备	1.1　工具、用品准备	1.1.1　能检查美发工具是否可正常使用，并根据要求进行清洁、消毒 1.1.2　能准备洗护用品、造型用品、饰品、围布、毛巾等相关美发物品	1.1.1　美发工具、用品消毒常识 1.1.2　常用美发工具、器具的维护保养常识
	1.2　环境准备	1.2.1　能根据顾客需要调整服务环境 1.2.2　能清扫发屑、整理工作环境	1.2.1　美发工作环境卫生常识 1.2.2　美发工作环境布置常识
2. 接待服务	2.1　接待礼仪	2.1.1　能用规范、礼貌用语迎送顾客 2.1.2　能按服务流程妥善安排顾客	2.1.1　接待流程规范知识 2.1.2　接待规范用语及服务礼仪知识 2.1.3　美发师仪容仪表知识
	2.2　服务介绍	2.2.1　能向顾客介绍美发服务项目及内容 2.2.2　能根据顾客的服务要求推荐有相应技术专长的美发师	2.2.1　美发服务项目内容 2.2.2　美发服务程序知识 2.2.3　美发服务项目操作质量标准
3. 洗发与按摩	3.1　洗发	3.1.1　能鉴别顾客的发质类型 3.1.2　能根据顾客的发质，推荐相应洗发用品 3.1.3　能按规程涂抹洗发液进行洗发 3.1.4　能运用相应手法抓揉头皮 3.1.5　能在洗发后将洗发液冲洗干净 3.1.6　能根据顾客的发质，推荐相应护发用品 3.1.7　能用毛巾擦干头发和包裹头发	3.1.1　发质的分类与识别 3.1.2　洗发、护发用品选用常识 3.1.3　水质对洗发的影响 3.1.4　洗发常识 3.1.5　洗发止痒方法 3.1.6　洗发操作程序、要求及注意事项 3.1.7　头发护理方法 3.1.8　洗发效果不佳的常见原因
	3.2　按摩	3.2.1　能进行头部按摩 3.2.2　能进行颈部、肩部按摩	3.2.1　按摩的作用 3.2.2　按摩手法技巧知识 3.2.3　头部、颈部、肩部经络和穴位知识

续表

职业功能	工作内容	技能要求	相关知识要求
4. 发型制作	4.1 修剪	4.1.1 能使用电推剪、剪刀、锯齿剪、剪发梳等美发工具进行修剪 4.1.2 能推剪男式有色调发式 4.1.3 能修剪女式生活类发式 4.1.4 能进行发型和发量的调整	4.1.1 头发生长流向知识 4.1.2 头发软硬、曲直状况知识 4.1.3 发型、发式分类知识 4.1.4 男式有色调发式知识 4.1.5 女式生活类发式知识 4.1.6 发式修剪的基本方法和操作程序
	4.2 烫发	4.2.1 能根据发型式样要求，选择适合的卷发杠 4.2.2 能按照标准卷杠法进行卷杠 4.2.3 能按顺序均匀涂放烫发剂、中和剂 4.2.4 能根据发质条件及发型制作要求，确定涂放烫发剂、中和剂后的停放时间 4.2.5 能按要求试卷头发 4.2.6 能在烫发后将烫发剂、中和剂冲洗干净	4.2.1 烫发药水的性能知识 4.2.2 烫发原理 4.2.3 烫发工具的作用 4.2.4 烫发的操作程序和注意事项 4.2.5 卷杠要领 4.2.6 烫发操作质量标准
	4.3 吹风造型	4.3.1 能根据发质条件和发式造型要求，选择吹风机及梳刷工具 4.3.2 能控制吹风机的温度、风力、送风时间和角度，对头发进行吹风造型 4.3.3 能进行男式有色调发式的吹风造型 4.3.4 能进行女式生活类发式的吹风造型 4.3.5 能使用电棒、电夹板造型	4.3.1 吹风梳理的基本方法 4.3.2 吹风梳理的操作技巧 4.3.3 吹风梳理的操作程序 4.3.4 吹风造型的质量标准 4.3.5 电棒、电夹板造型手法 4.3.6 电棒、电夹板造型操作技巧
5. 染发	5.1 白发染黑	5.1.1 能进行白发染黑前的皮肤过敏测试 5.1.2 能根据顾客发质状况，调配白发染黑的染发剂 5.1.3 能涂放染发剂，并确定停放时间 5.1.4 能在染发后将染发剂冲洗干净	5.1.1 染发相关专业术语 5.1.2 白发染黑专用染发剂知识 5.1.3 染膏与双氧乳的配比知识 5.1.4 染发的操作程序和注意事项

续表

职业功能	工作内容	技能要求	相关知识要求
5. 染发	5.2 染深	5.2.1 能进行染深前的皮肤过敏测试 5.2.2 能根据顾客发质状况，调配浅发染深的染发剂 5.2.3 能涂放染发剂，并确定停放时间 5.2.4 能在染发后将染发剂冲洗干净	5.2.1 染发相关专业术语 5.2.2 浅发染深专用染发剂知识 5.2.3 染膏与双氧乳的配比知识 5.2.4 染发的操作程序和注意事项
6. 头皮与头发护理	6.1 头皮护理	6.1.1 能根据头皮情况选择护理用品 6.1.2 能进行头皮护理操作 6.1.3 能在头皮护理后将护理用品冲洗干净	6.1.1 头皮护理用品的种类及性能 6.1.2 头皮护理的操作程序、方法和注意事项
	6.2 头发护理	6.2.1 能根据发质情况选择护发用品 6.2.2 能根据护发用品特征进行涂放操作 6.2.3 能在护发后将护发用品冲洗干净	6.2.1 头发护理用品的种类及性能 6.2.2 头发护理的操作程序、方法利注意事项

3.2 四级 / 中级工

职业功能	工作内容	技能要求	相关知识要求
1. 接待服务	1.1 心理服务	1.1.1 能与顾客沟通 1.1.2 能了解顾客的心理需求	1.1.1 顾客沟通技巧 1.1.2 服务心理学常识
	1.2 咨询服务	1.2.1 能了解顾客发质状况 1.2.2 能介绍美发、护发、造型用品的功能及特点 1.2.3 能根据发质条件推荐适合的发型	1.2.1 常用美发、护发、造型用品质量鉴别知识 1.2.2 护发知识 1.2.3 发型与脸型配合知识
2. 发型制作	2.1 修剪	2.1.1 能用削刀进行削发操作 2.1.2 能推剪男式有缝、无缝色调发式、毛寸发式 2.1.3 能修剪女式多种层次发式 2.1.4 能对修剪工具进行维护保养	2.1.1 发型的动态、静态层次知识 2.1.2 不同发式修剪的程序及技巧知识 2.1.3 发型设计的基本常识

续表

职业功能	工作内容	技能要求	相关知识要求
2. 发型制作	2.2 烫发	2.2.1 能根据发质特性、发型特征，选择烫发剂、中和剂和卷杠排列方法 2.2.2 能根据头发卷曲程度判断烫发效果，并对未达标的采取补救措施 2.2.3 能进行烫前、烫后护理操作 2.2.4 能操作热能烫等烫发设备	2.2.1 发质与烫发剂的关系 2.2.2 烫发中常见问题的解决办法 2.2.3 烫前、烫后护理知识 2.2.4 热能烫等烫发设备使用知识
	2.3 吹风造型	2.3.1 能使用造型用品和发饰造型 2.3.2 能通过梳刷等造型工具与吹风机的配合制作发型 2.3.3 能进行男式有缝、无缝色调发式的吹风造型 2.3.4 能进行女式多种层次发式的吹风造型	2.3.1 吹风工具的性能和使用方法 2.3.2 造型用品性质和使用特点 2.3.3 梳理造型工具使用技巧知识 2.3.4 发式造型原理
3. 剃须与修面	3.1 消毒、清洁	3.1.1 能对剃须与修面工具和用具进行消毒 3.1.2 能对面部皮肤进行清洁	3.1.1 剃须与修面消毒用品知识 3.1.2 剃须与修面工具和用具的消毒方法
	3.2 剃须	3.2.1 能磨剃刀 3.2.2 能采用张、拉、捏等方法绷紧皮肤 3.2.3 能运用正手刀、反手刀、推刀进行剃须与修面	3.2.1 剃须与修面用品常识 3.2.2 剃刀的基本使用方法 3.2.3 剃须与修面程序 3.2.4 绷紧皮肤的方法
4. 染发	4.1 材料选择	4.1.1 能根据发质和染发效果要求辨别、选择染发剂 4.1.2 能选用不同型号的染膏与双氧乳	4.1.1 自然色系染发的识别知识 4.1.2 染膏基本化学知识及物理知识 4.1.3 染发剂的种类
	4.2 染发操作	4.2.1 能根据染发色彩要求选择颜色、确定用量、调配染发剂 4.2.2 能进行色彩染发剂涂放 4.2.3 能进行染后护理操作	4.2.1 染发剂调配知识 4.2.2 色彩染发基本流程 4.2.3 染后护理知识

续表

职业功能	工作内容	技能要求	相关知识要求
5. 接发与假发操作	5.1 接发操作与调整	5.1.1 能根据发质和发型要求辨别、选择接发材料 5.1.2 能进行接发操作 5.1.3 能进行接发调整	5.1.1 接发材料知识 5.1.2 接发种类知识 5.1.3 接发工具知识 5.1.4 接发操作方法 5.1.5 接发质量标准
	5.2 假发操作与调整	5.2.1 能进行假发洗护 5.2.2 能进行假发修剪 5.2.3 能进行假发吹风造型 5.2.4 能进行假发混合造型	5.2.1 假发材料知识 5.2.2 假发种类知识 5.2.3 假发吹风造型知识 5.2.4 假发混合造型知识 5.2.5 假发护理知识

3.3 三级 / 高级工

职业功能	工作内容	技能要求	相关知识要求
1. 发型设计	1.1 设计构思	1.1.1 能通过交流、观察，了解并确定顾客的需求 1.1.2 能根据顾客的需求，选用合适的设计方案	1.1.1 发型设计的基本要求 1.1.2 发型设计的程序
	1.2 发型素描	1.2.1 能绘制脸型、五官等主要轮廓 1.2.2 能绘制发型线条轮廓 1.2.3 能运用素描进行发型设计	1.2.1 素描基础知识 1.2.2 发型素描基本要领 1.2.3 “三庭五眼”知识
2. 发型制作	2.1 修剪	2.1.1 能运用层次组合技法进行发式的修剪 2.1.2 能推剪平头式、圆头式发型 2.1.3 能修剪经典波浪式发型	2.1.1 层次组合的技术知识 2.1.2 提拉角度与层次变化的关系 2.1.3 修剪质量标准 2.1.4 修剪技术问题的解决方法
	2.2 烫发	2.2.1 能根据发型设计要求选择卷杠工具和卷杠手法 2.2.2 能采用新工艺进行烫发操作	2.2.1 砌砖式、扇形等卷杠法的操作程序和方法 2.2.2 烫发技术问题的分析与解决 2.2.3 烫发新工艺、新技术知识

续表

职业功能	工作内容	技能要求	相关知识要求
2. 发型制作	2.3 造型	2.3.1 能进行经典波浪式发式造型 2.3.2 能用盘、包、束、编等手法进行生活类晚妆发式造型 2.3.3 能进行发片造型	2.3.1 发式造型的技巧和要领 2.3.2 造型器具、手法在发型变化中的运用 2.3.3 盘、包、束、编要领及饰品搭配知识 2.3.4 发片造型知识
3. 剃须与修面	3.1 剃须	3.1.1 能修剃络腮胡须 3.1.2 能修剃螺旋型胡须、黄褐色胡须等多种特殊胡须	3.1.1 长短刀法的运用 3.1.2 络腮胡须的修剃方法 3.1.3 特殊胡须的修剃方法
	3.2 修面	3.2.1 能运用削刀、滚刀等五种刀法进行剃须与修面 3.2.2 能根据不同部位选择相应刀法进行修面 3.2.3 能运用“七十二刀半”方法进行修面	3.2.1 剃须与修面五种刀法知识 3.2.2 不同部位选用刀法的知识 3.2.3 剃刀保养知识
4. 漂发与染发	4.1 漂发与染发选择	4.1.1 能根据发型色彩要求进行漂发或染发 4.1.2 能进行发色与发质分析，确定目标色 4.1.3 能根据发质选择漂发与染发材料	4.1.1 头发色彩的差异及其漂染知识 4.1.2 漂发与染发的区别
	4.2 漂发与染发操作	4.2.1 能调配褪色剂 4.2.2 能进行挑染、线染、片染、层染等操作 4.2.3 能根据漂发与染发要求确定染发剂涂放时间与停放时间 4.2.4 能使用染发设备对漂发与染发后的头发进行加热着色 4.2.5 能分析漂发与染发后的发质受损状况，选择护发用品	4.2.1 漂发与染发的方法 4.2.2 漂发与染发的作用 4.2.3 挑染、线染、片染、层染等技法知识 4.2.4 漂发与染发前后头发护理方法

3.4 二级 / 技师

职业功能	工作内容	技能要求	相关知识要求
1. 整体设计	1.1 发型设计	1.1.1 能设计生活类发型 1.1.2 能设计符合时代潮流的发型	1.1.1 发型美学知识 1.1.2 发型外形设计知识 1.1.3 发型内形设计知识
	1.2 发型绘画	1.2.1 能画发型素描图 1.2.2 能画发型分解结构图	1.2.1 点、线、面的表现手法 1.2.2 静物（石膏头像）及人像绘画知识
	1.3 化妆	1.3.1 能根据整体设计要求选用化妆品 1.3.2 能净面、修眉 1.3.3 能配合发型进行日常生活化妆	1.3.1 发型与妆面的关系 1.3.2 生活化妆的操作程序与方法
	1.4 形象设计	1.4.1 能根据整体设计要求进行化妆设计 1.4.2 能根据整体设计要求进行发型设计 1.4.3 能根据整体设计要求进行服装搭配	1.4.1 整体形象设计要素 1.4.2 化妆设计知识 1.4.3 服装搭配设计相关知识
2. 发型制作	2.1 修剪	2.1.1 能修剪不同风格并富有个性和美感的发式 2.1.2 能运用不同修剪手法对直发、曲发进行修剪 2.1.3 能运用剪切口（刀口）角度变化修剪发式 2.1.4 能根据发型图片进行修剪	2.1.1 剪切口（刀口）角度变化与发式关系 2.1.2 看图修剪的基本方法
	2.2 造型	2.2.1 能综合运用各种造型手法，根据不同场合和顾客个性特点，塑造婚礼、宴会、舞会发型 2.2.2 能塑造男女直发、曲发组合发型 2.2.3 能制作发饰 2.2.4 能根据图片进行复制造型的操作 2.2.5 能进行男士古典发式造型	2.2.1 不同场合发型造型手法与特点 2.2.2 假发配合真发造型的方法 2.2.3 发饰的制作方法与运用 2.2.4 看图造型（复制）知识
	2.3 漂发与染发的色彩调整	2.3.1 能运用过渡染、晕染等技术进行漂发与染发操作 2.3.2 能运用视色、补色、染色等方法调整发型颜色	2.3.1 颜色的调整知识 2.3.2 褪色、补色的方法

续表

职业功能	工作内容	技能要求	相关知识要求
3. 胡髭与胡须修饰	3.1 胡髭修饰	3.1.1 能进行胡髭的修饰 3.1.2 能进行胡髭的造型	3.1.1 胡髭的形状和种类 3.1.2 胡髭的修饰方法
	3.2 胡须修饰	3.2.1 能进行胡须的修饰 3.2.2 能进行胡须的造型	3.2.1 胡须的形状和种类 3.2.2 胡须的修饰方法
4. 培训与管理	4.1 培训指导	4.1.1 能对三级 / 高级工及以下级别人员进行理论知识培训 4.1.2 能对三级 / 高级工及以下级别人员进行技能操作指导 4.1.3 能撰写专业技术小结	4.1.1 授课教案的编写方法 4.1.2 技能操作的指导方法 4.1.3 专业技术小结的撰写方法
	4.2 技术管理	4.2.1 能与员工沟通 4.2.2 能处理经营过程中出现的服务质量问题 4.2.3 能对服务项目进行质量评估并提出改进建议	4.2.1 与员工沟通的技巧及相关心理学常识 4.2.2 服务质量标准知识 4.2.3 服务质量评估方法

3.5 一级 / 高级技师

职业功能	工作内容	技能要求	相关知识要求
1. 整体设计	1.1 发型设计	1.1.1 能为时尚发布会、推广会等活动设计制作创新艺术发型 1.1.2 能设计制作主题系列发型 1.1.3 能根据顾客自身条件，设计符合不同场合、突出个性的整体形象	1.1.1 国内、国际时尚信息 1.1.2 创意发型设计知识 1.1.3 现代发型特点与风格
	1.2 发型绘画	1.2.1 能根据设计要求画出发型图样 1.2.2 能使用计算机进行发型绘画	1.2.1 三维立体素描知识和素描技法 1.2.2 计算机发型绘画基本知识
	1.3 化妆	1.3.1 能化新娘妆 1.3.2 能化晚宴妆	1.3.1 新娘妆的相关知识 1.3.2 晚宴妆的相关知识

续表

职业功能	工作内容	技能要求	相关知识要求
2. 发型制作	2.1 造型	2.1.1 能修剪具有引领时代潮流和代表一个地区风格的发型 2.1.2 能进行一发多变发式的梳理造型 2.1.3 能对修剪工艺技法和造型技法进行革新 2.1.4 能根据图片等素材进行创意造型	2.1.1 发式线条形态变化对发型风格的影响 2.1.2 世界主要国家和地区的发型修剪顶尖技术及发展 2.1.3 看图创意造型知识
	2.2 漂发与染发流行趋势预测	2.2.1 能根据流行色及顾客个性特点，制定漂发与染发方案 2.2.2 能进行多层次漂发与染发	2.2.1 流行色知识 2.2.2 流行色彩趋势预测知识
3. 培训与管理	3.1 培训指导	3.1.1 能归纳、总结与美发相关的技术经验 3.1.2 能制定美发师职业培训计划和授课方案 3.1.3 能用 PPT 制作课件 3.1.4 能撰写专业技术论文	3.1.1 培训计划及授课方案编制要点 3.1.2 多媒体 PPT 制作基础知识 3.1.3 专业技术论文撰写基本要求
	3.2 经营管理	3.2.1 能分析市场动态 3.2.2 能分析、管理企业经营活动	3.2.1 市场营销知识 3.2.2 经营成本、费用、利润的核算和财务管理基本知识 3.2.3 定额管理基本知识 3.2.4 组织与分工管理基本知识

4. 权重表

4.1 理论知识权重表

项目 \ 技能等级		五级 / 初级工（%）	四级 / 中级工（%）	三级 / 高级工（%）	二级 / 技师（%）	一级 / 高级技师（%）
基本要求	职业道德	5	5	5	5	5
	基础知识	25	25	20	15	15
相关知识要求	工作准备	5	—	—	—	—
	接待服务	5	5	—	—	—
	洗发与按摩	15	—	—	—	—
	发型设计	—	—	25	—	—

续表

项目 \ 技能等级		五级 / 初级工（%）	四级 / 中级工（%）	三级 / 高级工（%）	二级 / 技师（%）	一级 / 高级技师（%）
相关知识要求	整体设计	—	—	—	35	40
	发型制作	35	40	35	30	30
	剃须与修面	—	5	5	—	—
	胡髭与胡须修饰	—	—	—	5	—
	染发	5	10	—	—	—
	头皮与头发护理	5	—	—	—	—
	接发与假发操作	—	10	—	—	—
	漂发与染发	—	—	10	—	—
	培训与管理	—	—	—	10	10
合计		100	100	100	100	100

4.2 技能要求权重表

项目 \ 技能等级		五级 / 初级工（%）	四级 / 中级工（%）	三级 / 高级工（%）	二级 / 技师（%）	一级 / 高级技师（%）
技能要求	工作准备	5	—	—	—	—
	接待服务	5	10	—	—	—
	洗发与按摩	20	—	—	—	—
	发型设计	—	—	25	—	—
	整体设计	—	—	—	45	40
	发型制作	60	65	50	35	45
	剃须与修面	—	5	5	—	—
	胡髭与胡须修饰	—	—	—	5	—
	染发	5	10	—	—	—
	头皮与头发护理	5	—	—	—	—
	接发与假发操作	—	10	—	—	—
	漂发与染发	—	—	20	—	—
	培训与管理	—	—	—	15	15
合计		100	100	100	100	100

附录 2

第 45 届世界技能大赛美发项目技术文件

模块	名称	时间	分值	备注
A	女士商业剪发	2 小时 30 分钟	17 分	
B	女士时尚发型设计，使用假发束	3 小时 30 分钟	10 分	
C	女士真人走秀造型设计和会议造型（使用头模）	2 小时 30 分钟	15 分	
D	女士真人时尚长发向上造型和会议造型（使用头模）	1 小时 30 分钟	12 分	
E	男士古典造型（发角修剪），使用真人模特（使用头模）	45 分钟	12 分	
F	男士商业造型	2 小时 30 分钟	14 分	
G	男士造型，使用化学发型用品	3 小时 30 分钟	20 分	

A 模块：女士商业剪发

头模：Anna

时间：2 小时 30 分钟

描述

选手应当创造一款带颜色的商业沙龙剪发。剪发和颜色必须反映一款女士日常商业发型。OMC 造型（前卫造型）绝对禁止。

剪发：

➢ 头发必须被修剪。

➢ 允许使用所有的修剪工具。

➢ 剪发必须遵循顾客愿望（抓住主要要点）。

颜色：

➢ 所有的头发都必须被染色。

➢ 颜色需要反映商业设计。

➢ 试题在 A 模块比赛开始前 15 分钟公布。选手必须使用纯色，即一种颜色不能和其他颜色混合。颜色的放置是自由的。染前漂色可以进行也可以不进行。选手尽量使用最少的染膏量（有电子秤衡量）。

这个模块适用于顾客给的灵感、愿望。

➢ 允许使用赞助商提供的所有染色方法和染膏。

最终造型：

➢ 选手必须吹干头发。

➢ 允许使用所有工具。

➢ 允许使用赞助商提供的所有产品。

➢ 最终造型不能有任何形式的夹子、别针、橡皮筋或装饰品。

➢ 选手完成造型出于自身意愿。

➢ 头发不能遮挡眼睛——这是一款沙龙造型。

分数

客观项目（是 / 否）	分值	客观裁判组
工作组织和管理： 0 次违规，得 1 分 1 次违规，得 0.5 分 2 次违规，得 0 分 以专业的态度来组织工作区域。根据产品说明、使用方法，按模块要求选择染色产品和使用工具。	1	
顾客关照和沟通： 0 次违规，得 1 分 1 次违规，得 0.75 分 2 次违规，得 0.5 分 3 次违规，得 0.25 分 4 次违规，得 0 分 视头模为真人对待。按沙龙操作情况设定头模高度。 维持干净和清洁的工作区域。 如果有必要，使用毛巾或皮肤隔离霜等进行保护或包裹。 不能接受场外指导。 根据试题，只在光头上使用 T 形针。 根据试题，不要剪掉发片。 根据试题，头发不能遮住眼睛。 根据试题，必须使用某种特定染膏。 最终造型无夹子。	1	

续表

客观项目（是 / 否）	分值	客观裁判组
健康和安全： 0 次违规，得 1 分 1 次违规，得 0.75 分 2 次违规，得 0.5 分 3 次违规，得 0.25 分 4 次违规，得 0 分 吹风按行业标准操作，不要太贴近头发，保持移动。不大力梳头发。 根据健康与安全规范清洁或处理设备和废弃头发。在吹风前，将剪掉的头发扫起来倒入垃圾桶。刷子上的毛发要去掉，梳子需要清洁和清洗。剃刀使用后需要将刀片收好。 维护顾客和自身安全。卫生和安全工作：清洁工具、剪刀不用应闭合起来。如果剪到自己，应立即停下来进行急救。 接触化学药品时戴手套和围裙。 用电用水注意安全。	1	
颜色—准备、上色、处理： 0 次违规，得 2 分 1 次违规，得 1.5 分 2 次违规，得 1 分 3 次违规，得 0.5 分 4 次违规，得 0 分 根据产品说明和染色方法染色或使用漂粉。 如果染膏掉在地板上，立即擦干净。 染膏或漂粉处理时间正确。专业地进行上色。 在处理时间的后期去掉残余的染色产品。 污染、漏染一处扣 0.5 分，分数扣完为止。	2	
客观项目分数	5	

主观项目	分值	主观裁判组
颜色的整体印象和灵感、愿望： 0：头发颜色未反映顾客愿望或表现低于行业标准，包括根本没有进行颜色的操作。头发的颜色不是商业颜色。有明显的漏色，颜色分布零零散散，掉色或没有染上颜色。顾客不愿意为颜色付款。或属于 OMC 造型。 1：表现符合行业标准。颜色属于商业颜色或 / 和部分反映颜色愿望。颜色不是特别优秀的作品但可以接受。顾客会付款但下次不会再次光顾。	2	

续表

主观项目	分值	主观裁判组
2：表现符合行业标准，且在某种程度超出标准。颜色是反映好的商业颜色的榜样作品，并且反映了顾客愿望。顾客会付款而且会再次光顾。 3：颜色设计十分优秀，或大大超出行业标准。颜色是非常优秀的作品榜样，且反映了顾客愿望。顾客只会选择这位美发师服务。		
修剪的整体印象和灵感、愿望： 0：修剪未反映顾客愿望或表现低于行业标准。修剪不是商业修剪。修剪有错误，层次不对，有修剪缺失。顾客不接受。或属于OMC造型。 1：表现符合行业标准。修剪属于商业剪发且反映修剪愿望，但比例不一样。有些地方稍显厚重，顾客可以接受，但下次不会再次光顾。 2：表现符合行业标准，且在某种程度超出标准。修剪是反映好的商业修剪的榜样作品，并且反映了修剪愿望。没有明显遗漏的地方。发际线可以再精确一些。顾客会付款且会再去剪发。 3：修剪十分优秀，或大大超出行业标准。修剪是非常优秀的作品榜样，且反映了顾客愿望。修剪在各个方面都超过了行业标准。顾客只会选择这位美发师服务。	3	
吹风的整体完成效果和灵感、愿望： 0：表现低于行业标准，包括根本没有进行吹风的步骤。不符合商业吹风。吹风造型不平衡或不是可以接受的形状。设计的连贯性不被顾客接受，顾客不会付款。或属于OMC吹风造型。 1：表现符合行业标准。属于商业性吹风但形状不太明显，可以接受。造型需要更多的润色，或造型产品使用得过多。顾客会付款但下次不会再次光顾。 2：表现符合行业标准，且在某种程度超出标准。吹风是反映好的商业吹风的榜样作品，吹风造型平衡且形状良好，但是最终造型不是特别优秀。可能使用的造型产品多了些。顾客会付款而且会再次光顾。 3：吹风十分优秀，或大大超出行业标准。吹风造型是非常优秀的商业作品榜样。顾客只会选择这位美发师服务。	2	
前区的整体印象	1	
两侧的整体印象	1	
后区的整体印象	1	

续表

主观项目	分值	主观裁判组
设计连贯性的整体印象： 0：表现低于行业标准。不是一个时尚的作品。整体设计组合不融合。最终造型与主题和灵感不融合。设计的连续性不被顾客所接受。不是顾客愿望。顾客不会付款。或属于 OMC 造型。 1：表现满足行业标准。整体设计组合属于商业性的且符合主题和灵感。主题表现连贯但不是特别惊人。不是特别优秀。顾客会付款但不会再次光顾。 2：表现满足行业标准，并在某种程度超出行业标准。设计的连续性很好，并体现出了主题。顾客会付款并会再次光顾。 3：表现极其优秀，大大超出行业预期。设计完美体现主题，最终造型极其优秀。顾客只会选择这位美发师服务。	2	
主观项目分数	12	
模块总分数	17	

B 模块：女士时尚发型设计，使用假发束

头模：Anna 和 2 把假发束（一把 10 片）

时间：3 小时 30 分钟

描述

选手必须使用 A 模块的头模进行改造，并加入发片和提供的饰品。最终造型应该适合女士时尚造型，并反映模块的主题或灵感。OMC 造型绝对禁止。

主题：

选手的设计必须反映服装和饰品的主题或灵感。饰品将被提供且必须使用。将会提供图片，显示最终造型中饰品如何放置。

最终造型：

- 选手从操作 A 模块后的最终造型开始。
- 该模块必须对发片进行染色、对头模进行改色。
- 根据愿望，该模块允许修剪头模或者发片。
- 发片任何时候都不能用 T 形别针别在头模上。选手必须使用提供的光头头模。
- 允许使用所有的工具。
- 允许使用赞助商提供的所有造型产品。
- 最终造型应当反映女士时尚造型，且要反映顾客的灵感、愿望。

发片：

➢ 必须使用接发技术。

➢ 所有发片必须全部使用完。

分数

客观项目（是 / 否）	分值	客观裁判组
工作组织和管理： 0 次违规，得 1 分 1 次违规，得 0.5 分 2 次违规，得 0 分 以专业的态度来组织工作区域。在工作区域准备发片。	1	
健康和安全： 0 次违规，得 1 分 1 次违规，得 0.75 分 2 次违规，得 0.5 分 3 次违规，得 0.25 分 4 次违规，得 0 分 吹风按行业标准操作，不要太贴近头发，保持移动。不大力梳头发。 根据健康与安全规则清洁或处理设备和废弃头发。在吹风前，将剪掉的头发扫起来倒入垃圾桶。刷子上的毛发去掉，梳子需要清洁和清洗。剃刀使用后需要将刀片收好。 维护顾客和自身安全。卫生和安全工作：清洁工具、剪刀不用应闭合起来。如果剪到自己，应立即停下来进行急救。 接触化学药品时戴手套和围裙。 用电用水注意安全。	1	
客观项目分数	2	

主观项目	分值	主观裁判组
加入发束的融合性（接发技术）： 0：表现低于行业标准。加入的发片不融合，且不适合主题。发片的颜色不融合或者不能提升头发的设计。发片上的颜色星星点点。发片的融合不被顾客所接受。或发片属于 OMC 造型作品。 1：发片的融合满足行业标准。最终造型符合行业标准且适合主题。有些地方可以看见夹子但是顾客还可以接受。颜色有变化但是可以融合且能够提升整体设计。顾客可以接受但是不会再次光顾。 2：发片的融合符合行业标准，且在某种程度上超过标准。最终造型符合行业标准，且适合主题。看不到明显的夹子痕迹。整体平衡，没有明显的地方觉得发片突兀。发片颜色的融合有轻微不同，但的确提升了发型设计。顾客会再次光顾。	2	

续表

主观项目	分值	主观裁判组
3：发片的融合极其优秀，表现大大超出行业预期。发片和发型设计的融合属于杰出的作品榜样，且适合主题。剪发的每个部分都超出行业标准。颜色匹配完美，就像原本就属于原发型。顾客只会选择这位美发师服务。		
设计的潮流性： 0：表现低于行业标准。整体不平衡，形状不能接受。设计不符合主题，最终造型也没有体现灵感。过多使用造型产品或造型产品使用不足。最终造型看起来很不专业，如毛毛躁躁等。或属于OMC造型。 1：表现满足行业标准。最终造型符合主题和灵感。设计形状和颜色不明显但还可以接受。造型需要润色但可以接受，造型产品使用有点过多。顾客可以接受但是不会再次光顾。 2：表现符合行业标准，且在某种程度上超过标准。最终造型是符合主题和灵感的代表之作。设计体现出平衡，形状也不错，但是最终造型不属于特别出彩的作品。造型产品使用得过多。顾客会付款并会再次光顾。 3：表现极其优秀，大大超出行业预期。最终造型是符合主题和灵感的极其优秀的代表之作。设计和形状都极其优秀。顾客只会选择这位美发师服务。	2	
前区的整体印象	1	
两侧的整体印象	1	
后区的整体印象	1	
设计连续性的整体印象： 0：表现低于行业标准。不是一个时尚的作品。整体设计组合不融合。最终造型与主题和灵感不融合。设计的连续性不被顾客所接受。饰品和服饰不搭或不符合设计诉求。饰品位置放错。不是顾客愿望，顾客不会付款。或属于OMC造型。 1：表现满足行业标准。整体设计组合属于商业性的且符合主题和灵感。主题表现连贯但不是特别惊人。头发、饰品和服饰搭配符合试题诉求，但不是特别优秀。顾客会付款但不会再次光顾。 2：表现满足行业标准，并在某种程度超出行业标准。设计的连续性很好，并体现出了主题。头发、饰品和服饰搭配很好。顾客会付款并会再次光顾。 3：表现极其优秀，大大超出行业预期。设计在每个方面都超出行业预期。设计完美体现主题，头发饰品和服饰搭配在一起呈现完美。最终造型极其优秀。顾客只会选择这位美发师服务。	1	
主观项目分数	8	
模块总分数	10	

C 模块：女士真人走秀造型设计和会议造型（使用头模）

头模: Diana

时间：2 小时 30 分钟

描述

最终造型应当是模特走秀造型设计，以三个愿望为基础。最终造型符合模块描述。OMC 造型绝对禁止。尊重行业标准。头模用于 D 模块。

3 个愿望：

- ➢ 纹理。
- ➢ 形状。
- ➢ 颜色。

颜色：

- ➢ 商业染色。
- ➢ 所有的头发必须染色。
- ➢ 允许所有的染色技巧和赞助商提供的染色产品。
- ➢ 必须尊重顾客灵感、愿望—图片展示。

最终造型：

- ➢ 允许使用所有梳子和刷子。
- ➢ 不允许任何材质的外部填充物。
- ➢ 该模块没有任何饰品。
- ➢ 允许使用赞助商提供的所有造型产品
- ➢ 顾客的灵感、愿望必须是最终造型的主要元素。

分数

客观项目（是 / 否）	分值	客观裁判组
工作组织和管理： 0 次违规，得 1 分 1 次违规，得 0.5 分 2 次违规，得 0 分 以专业的态度来组织工作区域。根据产品说明、使用方法，按模块要求选择染色产品和准备工具。	1	

续表

客观项目（是 / 否）	分值	客观裁判组
颜色—准备、上色、处理： 0 次违规，得 1 分 1 次违规，得 0.75 分 2 次违规，得 0.5 分 3 次违规，得 0.25 分 4 次违规，得 0 分 根据产品说明和染色方法染色或使用漂粉。 如果染膏掉在地板上，立即擦干净。 染膏或漂粉处理时间正确。专业地进行上色。 在处理时间的后期去掉残余的染色产品。	1	
顾客关照和沟通： 0 次违规，得 1 分 1 次违规，得 0.75 分 2 次违规，得 0.5 分 3 次违规，得 0.25 分 4 次违规，得 0 分 将头模视作真人。按沙龙操作情况设定头模高度。 维持干净和清洁的工作区域。 如果有必要，使用毛巾或皮肤隔离霜等进行保护或包裹。 不能接受场外指导。 不要过度使用造型产品，以免引起顾客不适。 根据试题，无填充物。 根据试题，该模块无任何饰品。 根据试题，可以使用传统卷杠。 最终造型无夹子。	1	
健康和安全： 0 次违规，得 1 分 1 次违规，得 0.75 分 2 次违规，得 0.5 分 3 次违规，得 0.25 分 4 次违规，得 0 分 吹风按行业标准操作，不要太贴近头发，保持移动。不大力梳头发。 根据健康与安全规则清洁或处理设备和废弃头发。在吹风前，将剪掉的头发扫起来倒入垃圾桶。刷子上的毛发要去掉，梳子需要清洁和清洗。剃刀使用后需要将刀片收好。 维护顾客和自身安全。卫生和安全工作：清洁工具、剪刀不用应闭合起来。如果剪到自己，应立即停下来进行急救。 接触化学药品时戴手套和围裙。 用电用水注意安全。	1	
染色理论： 染发理论正确得 1 分，错误不得分。	1	
客观项目分数	5	

主观项目	分值	主观裁判组
商业颜色的整体印象和灵感、愿望： 0：头发颜色不反映顾客愿望且 / 或表现低于行业标准。头发颜色不属于商业颜色。有明显的漏色，颜色星星点点，有跑色或颜色未染色成功情况。顾客不接受颜色，也不会付款。或属于 OMC 造型。 1：表现满足行业标准。头发颜色是商业颜色，且反映颜色愿望。颜色作品不是特别优秀但可以接受，顾客会付款但不会再次光顾。 2：表现满足行业标准，在某些方面超过行业标准。头发颜色是商业颜色的榜样作品，且反映颜色愿望。顾客会付款且会再次光顾。 3：颜色设计特别优秀，大大超出行业预期。头发颜色是商业颜色的杰出榜样，且反映颜色愿望。设计元素和原理得到了充分体现。顾客只会选择这位美发师服务。	2	
创意设计的整体印象和灵感、愿望： 0：长发不反映灵感愿望。表现低于行业标准。整体不平衡，形状不能接受。设计元素和原理未被使用。过多使用造型产品或造型产品使用不足。最终造型看起来很不专业，如毛毛躁躁等。或属于 OMC 造型。 1：表现满足行业标准。设计具有商业性且反映灵感愿望。设计形状不明显但还可以接受。造型需要润色但可以接受，造型产品使用有点过多。顾客可以接受但是不会再次光顾。 2：表现符合行业标准，且在某种程度上超过标准。设计作品属于商业设计的榜样之作且反映了灵感愿望。设计体现出平衡，形状也不错，但是最终造型不属于特别出彩的作品。造型产品使用得过多。顾客会付款并会再次光顾。 3：表现极其优秀，大大超出行业预期。最终造型是符合主题和灵感的极其优秀的代表之作。造型产品使用量适宜，整体造型十分优秀。顾客只会选择这位美发师服务。	2	
前区的整体印象	1	
两侧的整体印象	1	
后区的整体印象	1	
设计连贯性的整体印象： 0：整体印象不是商业性的长发造型，因此不反映顾客愿望。表现低于行业标准，包括不尝试操作。整体设计组合不融合。设计连贯性不被顾客接受。顾客不会付款。或属于 OMC 造型。 1：表现满足行业标准，且反映顾客愿望。整体设计属于商业化且有连贯性。整体造型给人印象深刻。顾客会付款但是不会再次光顾。 2：表现满足行业标准，在某些地方超出行业标准。设计反映了主题愿望，属于优秀的商业作品。顾客会付款且会再次光顾。 3：整体设计连贯性十分优秀或杰出。设计反映灵感、愿望。最终造型令人印象深刻。顾客只会选择这位美发师服务。	3	
主观项目分数	10	
模块总分数	15	

D 模块：女士真人时尚长发向上造型和会议造型（使用头模）

头模：Diana，与 C 模块头模相同

时间：1 小时 30 分钟

描述

选手可以设计时尚长发向上造型和会议造型。灵感、愿望必须是设计的主要元素。

设计必须符合时尚趋势。造型应当是商业的。OMC 造型绝对禁止。

选手必须设计符合图片展示的发型。提供的饰品必须使用。选手可以依据提供的图片进行变化，但是必须尊重顾客的灵感、愿望。

最终造型应该符合：

➢ 图片展示。

最终造型：

➢ 允许自由选择工具。

➢ 提供饰品，所有的饰品必须全部使用。

➢ 无染色。

➢ 无修剪。

➢ 允许使用赞助商提供的所有造型产品。

➢ 顾客灵感、愿望必须是最终造型的主要元素。

分数

客观项目（是 / 否）	分值	客观裁判组
工作组织和管理： 0 次违规，得 1 分 1 次违规，得 0.5 分 2 次违规，得 0 分 以专业的态度来组织工作区域。 有效地使用能源和水资源，安全处理危险物品和其他废品。	1	
可持续性： 0 次违规，得 1 分 1 次违规，得 0.5 分 2 次违规，得 0 分 使用提供的所有饰品，不改变饰品，不浪费。 在操作期间有效使用能源和水资源，安全处理危险物品和其他废品。 避免工具箱太大或错误使用工具清单中的工具或产品。	1	

续表

客观项目（是 / 否）	分值	客观裁判组
顾客关照和沟通： 0 次违规，得 1 分 1 次违规，得 0.75 分 2 次违规，得 0.5 分 3 次违规，得 0.25 分 4 次违规，得 0 分 视头模为真人对待。按沙龙操作情况设定头模高度。 维持干净和清洁的工作区域。 如果有必要，使用毛巾或皮肤隔离霜等进行保护或包裹。 不能接受场外指导。 不过度使用造型产品，以免引起顾客不适。 根据试题，使用提供的饰品。 最终造型无夹子。 梳头发时考虑顾客的舒适度。	1	
客观项目分数	3	

主观项目	分值	主观裁判组
饰品的融合性： 0：整体设计与盘发和饰品不融合。设计的连贯性不被接受。顾客不会付款。 1：整体设计属于商业性发型，与盘发和饰品有融合的地方。整体印象具有连贯性但不惊艳。顾客会付款但不会再次光顾。 2：盘发、饰品有很好的连贯性。顾客会付款且会再次光顾。 3：盘发和饰品组合在一起令人印象深刻。最终造型是令人惊叹的。顾客只会选择这位美发师服务。	2	
设计 / 潮流的创意性： 0：没有反映灵感、愿望。表现低于行业标准，包括不进行尝试。整体造型组合与盘发、饰品和礼服不融合。设计的连贯性不被顾客接受，顾客不会付款。主要元素在后颈区没有体现。或属于 OMC 造型。 1：表现满足行业标准。整体设计组合属于商业性发型且与盘发、饰品和礼服有一点融合性。整体印象有连贯性但不令人惊艳。顾客会付款但不会再次光顾。 2：表现满足行业标准，且在某些程度超出标准。设计连贯性较好。盘发、饰品和礼服有较好的结合性。顾客会付款且会再次光顾。 3：整体设计极其优秀。设计大大超出行业标准。盘发、饰品和礼服融合在一起是杰出的作品。最终造型令人惊艳。顾客只会选择这位美发师服务。	2	

续表

主观项目	分值	主观裁判组
前区的整体印象	1	
两侧的整体印象	1	
后区的整体印象	1	
整体印象和灵感、愿望： 0：没有反映顾客灵感、愿望。表现低于行业标准。整体不平衡，形状不能接受。设计不符合主题，最终造型也没有体现灵感、愿望。过多使用造型产品或造型产品使用不足。最终造型看起来很不专业，如毛毛躁躁等。或属于 OMC 造型。 1：表现满足行业标准。最终造型符合主题和灵感。设计形状和颜色不明显但还可以接受。造型需要润色但可以接受。造型产品使用有点过多。顾客会付款但不会再次光顾。 2：表现符合行业标准，且在某种程度上超过标准。长发设计是符合灵感元素的代表之作。设计体现出平衡，形状也不错，但是最终造型不属于特别出彩的作品。造型产品使用得过多。顾客会付款并会再次光顾。 3：长发设计极其优秀，大大超出行业预期。最终造型是符合主题和灵感的极其优秀的代表之作。设计和形状都极其优秀。造型产品的用量适当。顾客只会选择这位美发师服务。	2	
主观项目分数	9	
模块总分数	12	

E 模块：男士古典造型（发角修剪），使用真人模特（使用头模）

时间：45 分钟

描述

男士传统剪发和吹风。脖子发际线和两侧发际线逐渐变窄。有必要使用精确剪发的方法和技能。剪发必须体现商业设计，为日常可用发型。OMC 造型绝对禁止。顾客将会通过图片给选手展示剪发的灵感、愿望。

剪发：

- 脖子发际线 0 度起角。后颈区的第一条发际线和两侧发际线角度为 0。
- 必须使用剪刀，不允许使用电推剪。

➢ 必须尊重顾客愿望（抓住主要要点）。

颜色：

➢ 该模块无染色。

最终造型：

➢ 所有的造型产品都可以使用。

➢ 造型不能属于 OMC 造型。

➢ 允许使用梳子和刷子。

➢ 允许使用赞助商提供的所有造型产品。

➢ 必须尊重顾客愿望（抓住主要要点）。

分数

客观项目（是 / 否）	分值	客观裁判组
工作组织和管理： 0 次违规，得 1 分 1 次违规，得 0.5 分 2 次违规，得 0 分 以专业的态度来组织工作区域。 如有必要，在冲洗盆处体现出合作精神。 根据产品说明、使用方法，按模块要求选择准备工具。	1	
顾客关照和沟通： 0 次违规，得 1 分 1 次违规，得 0.75 分 2 次违规，得 0.5 分 3 次违规，得 0.25 分 4 次违规，得 0 分 视头模为真人对待。按沙龙操作情况设定头模高度。 维持干净和清洁的工作区域。 如果有必要，使用毛巾或皮肤隔离霜等进行保护或包裹。 不能接受场外指导。 不使用过多造型产品，以免引起顾客不适。 根据试题操作。 全程确认顾客舒适度。 最终造型无夹子。	1	

续表

客观项目（是 / 否）	分值	客观裁判组
健康和安全： 0 次违规，得 1 分 1 次违规，得 0.75 分 2 次违规，得 0.5 分 3 次违规，得 0.25 分 4 次违规，得 0 分 吹风按行业标准操作，不要太贴近头发，保持移动。不大力梳头发。 根据健康与安全规则清洁或处理设备和废弃头发。在吹风前，将剪掉的头发扫起来倒入垃圾桶。去掉刷子上的毛发，清洁和清洗梳子。剃刀使用后需要将刀片收好。 维护顾客和自身安全。卫生和安全工作：清洁工具、剪刀不用应闭合起来。如果剪到自己，应立即停下来进行急救。 接触化学药品时戴手套和围裙。 用电用水注意安全。	1	
客观项目分数	3	

主观项目	分值	主观裁判组
后颈区必须从 0 度起发角	1	
修剪的整体印象和灵感、愿望： 0：修剪未反映顾客愿望或表现低于行业标准。修剪不是商业修剪。修剪有错误，层次不对，有修剪缺失。顾客不接受。或属于 OMC 造型。 1：表现符合行业标准。修剪属于商业剪发且反映修剪愿望。有些地方稍显厚重，顾客可以接受，但不会再次光顾。 2：表现符合行业标准，且在某种程度超出标准。修剪是反映好的商业修剪的榜样作品，并且反映了修剪愿望。没有明显遗漏的地方。发际线可以再精确一些。顾客会付款且会再次光顾。 3：修剪十分优秀，或大大超出行业标准。修剪是非常优秀的作品榜样，且反映了剪发愿望。没有多余的发际线，纹理平衡。顾客只会选择这位美发师服务。	2	
形状 / 轮廓： 0：表现低于行业标准，包括不操作。整体设计组合不融合且不反映顾客愿望。设计元素和原理不融合。形状太过于圆且有头发在脸上。顾客不会付款。或属于 OMC 造型。 1：表现满足行业标准。整体设计组合属于商业设计且反映顾客愿望。形状有过于圆的地方但顾客可以接受，作品不够优秀。顾客会付款但不会再次光顾。	1	

续表

主观项目	分值	主观裁判组
2：表现满足行业标准。设计连贯性很好且反映顾客愿望。设计平衡，元素加强了设计的纹理感。顾客会付款且会再次光顾。 3：整体设计连贯性极其优秀。商业设计超出了每条行业标准。充分反映了顾客愿望。顾客只会选择这位美发师服务。		
完成质感： 0：表现低于行业标准，包括根本没有进行吹风的步骤。不符合商业吹风。吹风造型不平衡或不是可以接受的形状。使用过多造型产品且不反映顾客愿望，顾客不会付款。或属于 OMC 造型。 1：表现符合行业标准。属于商业性吹风且反映了顾客愿望，但形状不太明显，顾客可以接受。造型需要更多的润色，或造型产品使用过多。顾客会付款但不会再次光顾。 2：表现符合行业标准，且在某种程度超出标准。吹风是反映好的商业吹风的榜样作品，吹风造型平衡且形状良好，但是最终造型不是特别优秀。使用的造型产品稍多。顾客会付款而且会再次光顾。 3：吹风十分优秀，或大大超出行业标准。吹风造型是非常优秀的商业作品榜样。顾客只会选择这位美发师服务。	1	
前区的整体印象	1	
两侧的整体印象	1	
后区的整体印象	1	
最后效果符合顾客形象	1	
主观项目分数	9	
模块总分数	12	

F 模块：男士商业造型

头模：Tony

时间：2 小时 30 分钟

描述

男士发型符合日常造型。

颜色需要符合灵感、愿望。

剪发：

➢ 造型时尚。

➢ 允许使用所有修剪方法和工具。

➢ 可以使用带卡尺的推剪。

➢ 符合愿望。

颜色：

➢ 颜色时尚，但不前卫。

➢ 允许所有染色方法。

➢ 允许使用赞助商提供的所有染色产品。

➢ 所有头发都要染色。

➢ 必须尊重顾客愿望（抓住主要要点）。

最终造型：

➢ 允许使用所有工具。

➢ 允许使用赞助商提供的所有造型产品。

➢ 吹风造型符合愿望。

分数

客观项目（是 / 否）	分值	客观裁判组
工作组织和管理： 0 次违规，得 1 分 1 次违规，得 0.5 分 2 次违规，得 0 分 以专业的态度来组织工作区域。根据产品说明、使用方法，按模块要求选择染色产品和准备工具。	1	
染色理论： 染色理论正确得 1 分，错误得 0 分。	1	
颜色一准备、上色、处理： 0 次违规，得 1 分 1 次违规，得 0.75 分 2 次违规，得 0.5 分 3 次违规，得 0.25 分 4 次违规，得 0 分 根据产品说明和染色方法染色或使用漂粉。 如果染膏掉在地板上，立即擦干净。 染膏或漂粉处理时间正确。上色手法专业。 在处理时间的后期去掉残余的染色产品。	1	

续表

客观项目（是 / 否）	分值	客观裁判组
健康和安全： 0 次违规，得 1 分 1 次违规，得 0.75 分 2 次违规，得 0.5 分 3 次违规，得 0.25 分 4 次违规，得 0 分 吹风按行业标准操作，不要太贴近头发，保持移动。不大力梳头发。 根据健康与安全规则清洁或处理设备和废弃头发。在吹风前，将剪掉的头发扫起来倒入垃圾桶。去掉刷子上的毛发，清洁和清洗梳子。剃刀使用后需要将刀片收好。 维护顾客和自身安全。卫生和安全工作：清洁工具、剪刀不用应闭合起来。如果剪到自己，应立即停下来进行急救。 接触化学药品时戴手套和围裙。 用电用水注意安全。	1	
客观项目分数	4	

主观项目	分值	主观裁判组
修剪的整体印象和灵感、愿望： 0：修剪不能接受。超过 2 处技术错误，如有剪刀修剪痕迹、有洞、有不平衡的发际线、有大块部分缺失、有多余的长发等。顾客不会付款。 1：修剪可接受。剪发部分不超过 2 处技术错误。顾客会付款。 2：剪发作品优秀。修剪部分不超过 1 处技术错误。 3：剪发极其优秀。没有技术错误。看起来非常接近图片。	3	
颜色的整体印象和灵感、愿望： 0：头发颜色未反映顾客愿望或表现低于行业标准，包括根本没有进行颜色的操作。头发的颜色不是商业颜色。有明显的漏色，颜色分布零零散散，掉色或没有染上颜色。顾客不会付款。或属于 OMC 造型。 1：表现符合行业标准。颜色属于商业颜色或 / 和部分反映颜色愿望。颜色不是特别优秀的作品，但可以接受。顾客会付款但不会再次光顾。 2：表现符合行业标准，且在某种程度超出标准。颜色是反映好的商业颜色的榜样作品，并且反映了颜色愿望。顾客会付款而且会再次光顾。 3：颜色设计十分优秀，或大大超出行业标准。头发颜色是非常优秀的作品榜样，且反映了颜色愿望。顾客只会选择这位美发师服务。	2	
前区的整体印象	1	
两侧的整体印象	1	
后区的整体印象	1	

续表

主观项目	分值	主观裁判组
整体印象： 0：表现低于行业标准，包括不进行尝试。整体造型组合不融合。设计元素和原理不匹配。设计的连贯性不被顾客接受。顾客不会付款。 1：表现满足行业标准。整体设计组合属于商业性且反映部分图片情况和顾客愿望。整体印象有连贯性但不令人惊艳。顾客会付款但不会再次光顾。 2：表现满足行业标准，且在某些程度超出标准。设计连贯性较好。设计元素和顾客愿望有较好的连贯性。顾客会付款且会再次光顾。 3：整体设计极其优秀。设计超出行业标准的各个方面。每一个设计元素和顾客愿望都完美地得到匹配。最终造型令人惊艳。顾客只会选择这位美发师服务。	2	
主观项目分数	10	
模块总分数	14	

G 模块：男士造型，使用化学发型用品

头模：Giovanni

时间：3 小时 30 分钟

描述

最终造型应该符合商业设计，且反映顾客的设计描述。

最终造型包括：永久波浪，拉直，剪发，吹风。该模块必须尊重行业标准。

胡须设计：依据第 45 届世界技能大赛最新技术标准，胡须的设计不占分值，选手可根据造型自由设计。

化学处理：

- 必须尊重顾客的灵感、愿望。
- 使用传统烫发卷杠，且必须使用橡皮筋固定。
- 拉直根据要求使用相关工具，如电夹板等。
- 在吹风之前，客观分数裁判会检查发根和发尾的压痕。

剪发：

- 必须尊重顾客的灵感、愿望。
- 允许使用所有剪发工具。

颜色：

➢ 不允许染色。

胡须设计：

➢ 自由设计不占分值。

➢ 允许使用所有剪发工具。

最终造型：

➢ 烫卷用手持吹风机吹干头发。可以使用或不使用风罩。

➢ 拉直可使用梳子、刷子和夹子。

➢ 允许使用赞助商提供的所有造型产品。

分数

客观项目（是 / 否）	分值	客观裁判组
工作组织和管理： 0 次违规，得 1 分 1 次违规，得 0.5 分 2 次违规，得 0 分 以专业的态度来组织工作区域。合理利用烫发中和时间，如在等待期间修剪胡须、整理工作台、冲洗或准备再次使用的烫发产品。	1	
烫发、拉直的准备、上药水和时间处理： 0 次违规，得 1 分 1 次违规，得 0.75 分 2 次违规，得 0.5 分 3 次违规，得 0.25 分 4 次违规，得 0 分 在使用卷杠之前洗头。 根据产品说明处理和中和头发。 发尾不扭曲。 发根不扭曲或没有橡皮筋压痕。	1	
顾客关照和沟通： 0 次违规，得 1 分 1 次违规，得 0.75 分 2 次违规，得 0.5 分 3 次违规，得 0.25 分 4 次违规，得 0 分	1	

续表

客观项目（是 / 否）	分值	客观裁判组
将顾客视作真人。按沙龙操作情况设定头模高度。 维持干净和清洁的工作区域。 如果有必要，使用毛巾或皮肤隔离霜等进行保护或包裹。 不能接受场外指导。 不要过度使用造型产品，以免引起顾客不适。 根据试题，头发或胡须上无夹子 根据试题，未使用加热设备。 根据试题，可以使用传统卷杠。 最终造型无夹子。		
健康和安全： 0 次违规，得 1 分 1 次违规，得 0.75 分 2 次违规，得 0.5 分 3 次违规，得 0.25 分 4 次违规，得 0 分 吹风按行业标准操作，不要太贴近头发，保持移动。不大力梳头发。 根据健康与安全规则清洁或处理设备和废弃头发。在吹风前，将剪掉的头发扫起来倒入垃圾桶。去掉刷子上的毛发，清洁和清洗梳子。剃刀使用后需要将刀片收好。 维护顾客和自身安全。卫生和安全工作：清洁工具、剪刀不用应闭合起来。如果剪到自己，应立即停下来进行急救。 接触化学药品时戴手套和围裙。 用电用水注意安全。	1	
烫发理论： 烫发理论正确得 1 分，错误得 0 分。	1	
客观项目分数	5	

主观项目	分值	主观裁判组
烫发的整体印象和灵感、愿望： 0：烫发不能接受。顾客不会付款。处理时间过头。烫发超过 2 处技术错误，如根部压痕可见、断裂，卷发造型不平衡、呈鱼钩状等。 1：烫发可接受。烫发部分不超过 2 处技术错误。 2：烫发作品优秀。烫发部分不超过 1 处技术错误。 3：烫发极其优秀。没有技术错误。顾客非常满意。	2	

续表

主观项目	分值	主观裁判组
拉直的整体印象和灵感、愿望： 0：拉直不能接受。顾客不会付款。处理时间过头。拉直超过 2 处技术错误，如根部压痕可见、断裂，拉直造型不平衡等。 1：拉直可接受。拉直部分不超过 2 处技术错误。 2：拉直作品优秀。拉直部分不超过 1 处技术错误。 3：拉直极其优秀。没有技术错误。顾客非常满意。	2	
修剪的整体印象和灵感、愿望： 0：修剪不能接受。超过 2 处技术错误，如有剪刀修剪痕迹、有洞、有不平衡的发际线、有大块部分缺失、有多余的长发等。 1：修剪可接受。剪发部分不超过 2 处技术错误。 2：剪发作品优秀。修剪部分不超过 1 处技术错误。 3：剪发极其优秀。没有技术错误。顾客非常满意。	3	
整体印象： 0：表现低于行业标准，包括不进行尝试。整体造型组合不融合。设计元素和原理不匹配。设计的连贯性不被顾客接受。顾客不会付款。 1：表现满足行业标准。整体设计组合属于商业性且反映部分顾客愿望。整体印象有连贯性但不令人惊艳。顾客会付款但不会再次光顾。 2：表现满足行业标准，且在某些程度超出标准。设计连贯性较好。设计元素和顾客愿望有较好的连贯性。顾客会付款且会再次光顾。 3：整体设计极其优秀。设计超出行业标准的各个方面。每一个设计元素和顾客愿望都完美地得到匹配。最终造型令人惊艳。顾客只会选择这位美发师服务。	2	
前区的整体印象	1	
两侧的整体印象	1	
后区的整体印象	1	
设计连贯性的整体印象	3	
主观项目分数	15	
模块总分数	20	